Kailas Kapadnis

Pesticidas residuais em frutos e produtos hortícolas

Determinação de pesticidas residuais em frutos e produtos hortícolas por meio de técnicas de GC, GC-MS e HPLC

ScienciaScripts

Cover image: www.ingimage.com

This book is a translation from the original published under ISBN 978-3-659-85294-7.

Publisher:
Sciencia Scripts
is a trademark of
Dodo Books Indian Ocean Ltd. and OmniScriptum S.R.L publishing group

120 High Road, East Finchley, London, N2 9ED, United Kingdom
Str. Armeneasca 28/1, office 1, Chisinau MD-2012, Republic of Moldova, Europe
Managing Directors: Ieva Konstantinova, Victoria Ursu
info@omniscriptum.com

Printed at: see last page
ISBN: 978-620-8-37364-1

Kailas Kapadnis

Pesticidas residuais em frutos e produtos hortícolas

ÍNDICE DE CONTEÚDOS

PREPARAÇÃO

É com grande satisfação que apresento esta edição aos leitores. Na Índia, as culturas comerciais são frequentemente sujeitas à aplicação de um grande número de pesticidas ao longo das épocas de cultivo para controlar uma série de pragas e doenças. Os resíduos de pesticidas são uma grande preocupação para os regulamentos de qualidade e as normas de segurança alimentar estão a tornar-se mais rigorosas na maioria dos países. A gestão dos resíduos de pesticidas nas culturas é um desafio porque, para além da aplicação direta, os resíduos de pesticidas podem também aparecer nas culturas a partir de fontes indirectas como o solo, os agro-inputs contaminados, a deriva de campos adjacentes de outras culturas agrícolas, etc. É por esta razão que cerca de 100 produtos químicos são regularmente controlados em todas as amostras de frutos de origem indiana para exportação.

Considerando a importância da segurança alimentar, o Governo da Índia tornou o certificado de análise de resíduos um pré-requisito obrigatório para a emissão de um certificado fitossanitário para exportação. Os pesticidas constantes da lista de controlo pertencem a classes químicas diversificadas e os laboratórios de ensaio na Índia costumavam analisá-los em vários grupos por métodos baseados em GC e HPCL, o que exigia um longo período de tempo para concluir a análise, mas a situação atual exige um tempo de resposta rápido - em que a análise tem de ser concluída no prazo de 24-48 horas após a apresentação de uma amostra ao laboratório. Assim, é necessário dispor de um método analítico que permita a determinação simultânea dos pesticidas-alvo em qualquer amostra através de um único esforço, com uma eficiência global equivalente ou superior.

Assim, as técnicas como GC, HPCL e GC-MS são utilizadas para a determinação de pesticidas residuais.

Nashik **Dr. Kailas Haribhau Kapadnis**

RECONHECIMENTO

É com grande satisfação que aproveito esta oportunidade para exprimir a minha profunda gratidão e dívida para com várias pessoas que me ajudaram a realizar este trabalho. Com prioridade, estou muito grato ao Hon'ble "SAMAJ-SHREE" Dr. Prashantdada Hiray, Secretário Geral, M.G. Vidyamandir, Hon'ble Dr. Apoorvabhau Hiray, MLC Maharashtra state, Co-ordinator M.G. Vidyamandir, Sau. Smitatai Hiray, Tesoureiro, M.G. Vidyamandir, Sau. Yogitatai Hiray e Shri. Deepakbhau Sonawane.

Gostaria de estender os meus sinceros agradecimentos ao Dr. V.S. More, secretário-adjunto do M.G. Vidyamandir e antigo diretor do M.S.G. College, Malegaon Camp, pela sua valiosa orientação e encorajamento constante ao longo do trabalho. Agradeço também sinceramente ao diretor, ao pessoal docente e ao pessoal não docente do M.S.G. College Malegaon Camp e do L.V.H. College, Panchavati Nashik, por me terem prestado toda a ajuda necessária.

Estou muito grato aos meus amigos Dr. Bapusaheb Jagdale, Diretor do L.V.H. College, Sr. Prashant Deore, Trustee M.G. Vidyamandir Nashik, Dr. Chetan Javale, Professor Assistente, Departamento de Zoologia, Dr. C.G. Dighavkar, Professor Associado e Diretor do Departamento de Ciências Electrónicas, L.V.H. College Panchavati Nashik e aos meus amigos Dr.R.P.Shewale, Dr. N.B. Pawar, Dr.R.N.Shelar , Dr.U.P.Shinde e Dr.T.R.Mahale pelo seu encorajamento e apoio. Agradeço também aos meus alunos, Sr. Swapnil Sharma, Sau. Kavita Patil e Sau. Kaisar Khan, sem os quais este trabalho não seria possível.

Sinto-me honrado em expressar o meu profundo sentimento de gratidão aos membros da minha família, Pai Late. Haribhau Sakharam Kapadnis, à mãe Bhagirathi Haribhau Kapadnis e ao irmão Dr. Shashikant Haribhau Kapadnis pelos seus melhores votos.

Apesar de tudo isto, não posso deixar de agradecer à minha mulher, Dra. Sau. Anita Kailas Kapadnis pela sua compreensão e resistência e ao meu filho Hitesh e à minha filha Mansi pelo seu entusiasmo cooperante durante o período de trabalho, bem como ao meu cunhado, o Sr. Rahul Deore, pelo seu papel vital e pelo seu apoio empenhado.

Gostaria de agradecer sinceramente à publicação LAP LAMBERT Academic pela publicação deste trabalho.

Autor

CAPÍTULO - 1

Determinação de pesticidas residuais por meio de técnicas de GC e HPLC em morango e feijão-frade.

Introdução

Um pesticida é uma substância ou uma mistura de substâncias utilizadas para matar uma praga. Um pesticida é qualquer substância destinada a prevenir, destruir, eliminar ou atenuar uma praga. Um pesticida pode ser uma substância química, um agente biológico, como um vírus ou uma bactéria, um antimicrobiano, um desinfetante ou um dispositivo utilizado para combater qualquer praga. As pragas incluem insectos, agentes patogénicos das plantas, ervas daninhas, moluscos, aves, peixes, nemátodos, micróbios, etc. Embora a utilização de pesticidas tenha vantagens, também tem inconvenientes, como a potencial toxicidade para os seres humanos e outros animais.

Na Índia, as culturas comerciais são frequentemente objeto da aplicação de um grande número de pesticidas ao longo das épocas de cultivo para controlar uma série de pragas e doenças. A gestão dos resíduos de pesticidas nas culturas é um desafio, porque, para além da aplicação direta, os resíduos de pesticidas podem também aparecer nas culturas a partir de fontes indirectas, como o solo, os agro-inputs contaminados (por exemplo, adubos, fertilizantes, reguladores de crescimento, água de irrigação, etc.), a deriva de campos adjacentes de outras culturas agrícolas, etc. É por esta razão que cerca de 100 produtos químicos são regularmente controlados em todas as amostras de frutos de origem indiana para exportação.

Os pesticidas constantes da lista de controlo pertencem a classes químicas diversificadas e os laboratórios de ensaio na Índia costumavam analisá-los em vários grupos através de métodos baseados em CG e HPLC, o que exigia um longo período de tempo para concluir a análise, mas a situação atual exige um tempo de resposta rápido - em que a análise tem de ser concluída no prazo de 24-48 horas após a apresentação de uma amostra ao laboratório. Assim, é necessário dispor de métodos analíticos que permitam determinar simultaneamente os pesticidas-alvo em qualquer amostra através de um único esforço com uma eficiência global equivalente ou superior. A utilização de pesticidas tem muitas vantagens, mas também tem inconvenientes. São os seguintes:

1] Os pesticidas são perigosos e letais tanto para os organismos como para o corpo humano

2] Os pesticidas são também tóxicos para as plantas e para muitas culturas alimentares, incluindo frutos e

Os vegetais que contêm resíduos de pesticidas são lavados ou descascados.

3] Os pesticidas diminuem a biodiversidade do solo.

4] Os pesticidas também diminuem a propriedade de retenção de água do solo.

5] Os pesticidas são perigosos e tóxicos para a saúde humana se permanecerem nos frutos e

Doenças de origem vegetal

Os pesticidas podem ser classificados de acordo com o tipo de praga ou doença contra a qual são eficazes. Alguns pesticidas são eficazes apenas contra uma espécie de praga ou doença. Muitos pesticidas são menos específicos ou selectivos, ou mesmo não específicos. Estes pesticidas não selectivos podem prejudicar ou matar diferentes tipos de insectos, microrganismos, animais ou espécies de plantas quando são utilizados. Os pesticidas também podem ser classificados de acordo com o seu modo de atuação. Esta pode ser por contacto ou por ação sistémica. Os pesticidas de contacto têm de tocar diretamente os organismos nocivos para serem eficazes. Quanto mais fina for a névoa de pulverização, melhor penetrará na cultura, matando assim as pragas por contacto. Os pesticidas sistémicos fixam-se e penetram na superfície da planta, dispersando-se depois por toda a planta. Os pesticidas que persistem durante algum tempo no solo e penetram subsequentemente através do contacto com as raízes são também sistémicos. É importante que os agricultores conheçam a natureza dos produtos químicos que são adequados para uma determinada situação, de modo a poderem escolher o pesticida mais adequado a utilizar.

Trabalho literário

Foi efectuada uma pesquisa bibliográfica sobre os efeitos da transformação de alimentos nos resíduos de pesticidas em frutos e legumes na base de dados ISI Web of Knowledge. Para a pesquisa, foi utilizada a seguinte combinação de palavras-chave: pesticida*, alimentos, transformação; pesticida*, transformação, efeitos; pesticida*, transformação, frutos; pesticida*, transformação, legumes. Apenas foram recuperados os artigos da literatura aberta relevantes para o nosso trabalho. As secções de referência dos artigos recuperados foram utilizadas para encontrar mais estudos que pudessem ter sido omitidos durante a pesquisa. Após a análise do comportamento dos resíduos de pesticidas nos frutos, concluiu-se que os diferentes pesticidas desaparecem com uma quantidade muito reduzida de resíduos nos frutos. 12-14 %

Determinação de resíduos de pesticidas em morangos e feijão-frade por GC-MS, a análise foi efectuada por GC-MS e os dados obtidos foram comparados com os de um pesticida de referência, fazendo corresponder o peso molecular a uma biblioteca de pesticidas conhecidos. Os factores estudados foram o tempo de retenção, a abundância relativa e o peso molecular, monitorizando os resíduos de pesticidas em morangos exportáveis.É importante identificar e quantificar os pesticidas que podem ser ingeridos pelos frutos e legumes após a pulverização de pesticidas, tendo sido examinados para a determinação dos resíduos de pesticidas deixados após a extração. A análise foi efectuada por GC-MS e os dados obtidos foram comparados com os de um pesticida de referência, fazendo corresponder o peso molecular a uma biblioteca de pesticidas conhecidos. Os factores estudados foram o tempo de retenção, o tempo de eluição, a abundância relativa e o peso molecular. Os resultados mostraram que os pesticidas de baixo peso molecular foram eluídos antes dos pesticidas de elevado peso molecular.

S.n.	**Nome do pesticida**	**S.n.**	**Nome do pesticida**
1	Hamala	17	Dezomate
2	Oxyflurofen	18	Dinocap
3	Cabaryl	19	Endosulfan
4	Malatião	20	Diuron
5	Manozeb	21	Dicofol
6	Linuron	22	Diazion
7	Metomil	23	Propineb
8	Butacloro	24	Propargite
9	Carbossulfão	25	Phorate
10	Carbofurão	26	Propargite
11	Carbendazim	27	Quinalfos
12	Monocrotofos	28	Sulfosulfurona
13	Atrazina	29	Thimeton
14	Lindano	30	Thiram
15	Malatião	31	Triazofos
16	Pendimetalina	32	Trclorofon

Lista de pesticidas e respectiva atividade

N.º Sr.	Tipo de pesticida	Atividade
1	Algicida	Mata as algas, por exemplo, na madeira
2	Anti-alimentar	Evita que os animais se alimentem de uma cultura
3	Atrativo	Atrai animais nocivos
4	Bactericida (P)	Mata ou inibe o crescimento bacteriano
5	Fungicida (P)	Desinfeção de fungos
6	Fumigante (P)	Gás ou fumo contra pragas ou fungos
7	Herbicida	Mata ou inibe o crescimento de ervas daninhas
8	Regulador de crescimento de insectos	Modifica as fases de desenvolvimento dos insectos
9	Inseticida (por exemplo, aficida) (P)	Mata ou prejudica os insectos (por exemplo, pulgões)
10	Miticida / acaricida (P)	Mata ou prejudica os ácaros (ou aranhas)
11	Moluscicida	Mata caracóis e lesmas
12	Rodenticida	Mata ratos, ratazanas e roedores
13	Esterilizante	Esteriliza os insectos de forma química
14	Termiticida (P)	Mata ou prejudica as térmitas

List of general pesticides for various fruits and vegetables:-

S não	Frutas ou legumes	Pesticidas
1	Frio	Carbendazime, mancozebe
2	Dedo de moça	Imidaclopride
3	Goiaba	Clorpirifos, cipermetrina
4	Romã	Endossulfão, dicloroso
5	Bittergaurd	Tiopentano
6	Morango	Hamala

Determinação de pesticidas residuais em morangos e feijão-frade utilizando técnicas de GC e HPLC:

Foram utilizados na experiência os seguintes produtos químicos de qualidade analítica

Materiais : Dimetilformamida, MgSO4 anidro, acetato de etilo, metanol, primário secundário, água (grau HPLC), ciclo-hexano, NaCl, tolueno, sulfato de sódio, tolueno 3:1, DMF (dimetilflurina) e ácido acético *Coleção de frutos e preparação de amostras

- Todas as amostras de frutos foram colhidas na zona (aldeia deolikarad)
- 1 kg de frutos (por exemplo, morangos e feijão-frade) deolikarad

aldeia

- Estas amostras foram cortadas em subamostras e misturadas cuidadosamente.
- Foi retirada uma subamostra de 20gm misturada com 20 ml de água destilada
- A mistura foi deixada em repouso durante 15 minutos, após o que foram adicionados 50 ml de DMF e a amostra foi homogeneizada por esmagamento num pilão e almofariz.
- A amostra é então filtrada por sucção.
- Para manter o resíduo no papel de filtro foram adicionados 20 ml de DMF e novamente a amostra foi homogeneizada e filtrada por sucção. Desta solução foram retirados 20 ml de amostra, aos quais foram adicionados 10 g de NaCl e 20 ml de tampão fosfato 0,5mol/L (pH7) e agitados.
- A solução foi deixada em repouso até à remoção da camada aquosa.
- A camada orgânica é seca sobre sulfato de sódio anidro e filtrada.
- O filtrado foi seco a 4^0 C.
- A amostra obtida é aplicada na coluna GC.

RESULTADO:-

Não se obteve qualquer espetro quando se utilizou DMF como solvente para a preparação da amostra. Apenas se observou uma linha de base após o tempo de reação específico do pesticida esperado.

CONCLUSÃO

Talvez os pesticidas sejam insolúveis em DMF (dimetilfluoreto) devido à sua elevada

Como o DMF não é o melhor solvente, o acetonitrilo é utilizado por ser um solvente perfeito.

Determinação de resíduos de pesticidas em morango e feijão-frade por GC-MS, utilizando acetonitrilo como solvente

Produtos químicos:-Acetonitrilo, cloreto de sódio, água de grau HPLC e sulfato de sódio.

Aparelhos: - Frasco cónico, copo, proveta, microtubo de ensaio, funil, tubo de amostragem e funil de separação

Preparação e análise de amostras-

1 . Adicionar 1 gm. NaCl Homogeneizado 5 min.

2 Transferir 1,3 a 1,5 ml de acetonitrilo para o tubo

3 Adicionar 0,3 g de sulfato de sódio, agitar bem para retirar a água

4 Transferir uma alíquota de 10 ml para um tubo de 15 ml

5 Utilizar esta amostra para a técnica GC

PORMENORES SOBRE O INSTRUMENTO DE CG UTILIZADO

Sistema : Cromatografia gasosa

Modelo n .º : GC 2015

Empresa : Analytical Technologies ltd .

Detetor : FID (departamento de investigação alimentar)

Coluna : Coluna embalada em cera Carbo (ss2meter)

Os parâmetros mantidos durante a experiência são os seguintes

- Fase móvel : Gás nitrogénio (pressão 3kg/cm)^2

- Detetor : Hidrogénio gasoso (pressão 3 kg/cm2) : Ar (pressão 3kg/cm2)

- Temperatura : Injetor 100°c

: Forno 100°c-110°c

Detetor 100°c

- Volume de injeção :1,0 µl

Sistema analítico de GC (fabricado nos EUA) Modelo n. GC-2015

Espectros de CG do feijão-frade

Cowpea

Sample name:	Cowpea	User:	
Exp unit:	150-180-150	Deliv unit:	2 Mc. Lit.
File name:	Unitary method		
Sample time:	2015-03-10 16:03:46	Slope:	100.0
Ana period:	2.23	Width:	1.0
Spec-path:	D:\GC DATA\Bhushan Gavit LVH\Cowpea 150-180-150.src		

Inst name:		Column temp:	180.0
Column type:		Column spec:	
Gas type:	nitrogen	Gas flux:	0.0
Injector:	Packed column injector		
Detector:	FID		
Range:	3		
Air:	0.0	Hydrogen:	0.0

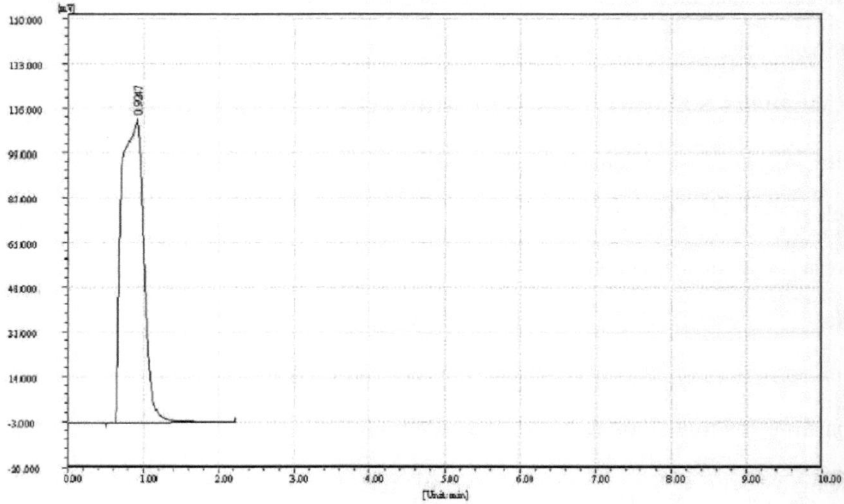

Analysis result

SeqID	Comp name	Retent.time [min]	Half width [min]	Height [uV]	Area [uV*s]	Area [%]	Contents [%]	Peak type
1		0.9247	0.3487	113827.9	2375416.9	100.0000	100.0000	VB
			Total:	113827.9	2375416.9	100.0000	100.0000	

Espectros GC do morango:-

Strawberry

Sample name:	Strawberry	User:	
Exp unit:	150-180-150	Deliv unit:	2 Mc. Lit.
File name:	Unitary method		
Sample time:	2015-03-10 16:07:03	Slope:	100.0
Ana period:	3.17	Width:	1.0
Spec-path:	D:\GC DATA\Bhushan Gavit LVH\Strawberry 150-180-150.src		
Inst name:		Column temp:	180.0
Column type:		Column spec:	
Gas type:	nitrogen	Gas flux:	0.0
Injector:	Packed column injector		
Detector:	FID		
Range:	3		
Air:	0.0	Hydrogen:	0.0

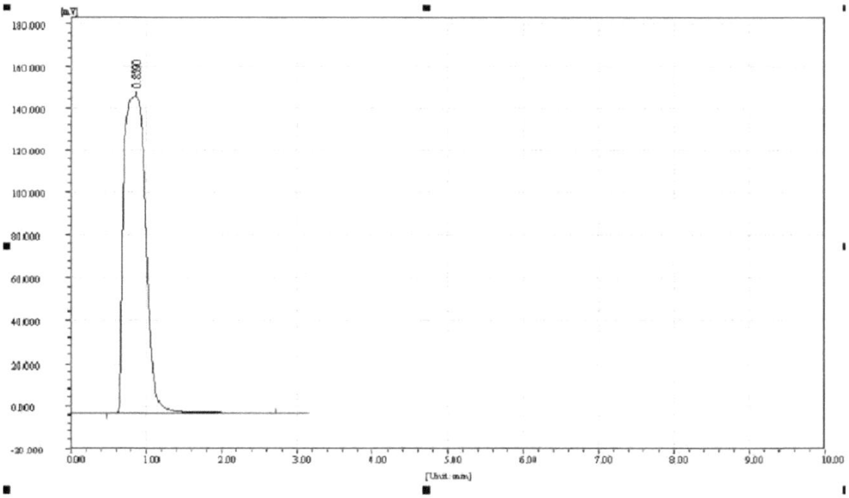

Analysis result

SeqID	Comp name	Retent.time [min]	Half width [min]	Height [uV]	Area [uV*s]	Area [%]	Contents [%]	Peak type
1		0.8590	0.3393	149376.9	3079225.6	100.0000	100.0000	VB
			Total:	149376.9	3079225.6	100.0000	100.0000	

Determinação de pesticidas residuais em morangos e feijão-frade por HPLC com acetonitrilo

- Produtos químicos: Acetonitrilo, cloreto de sódio, água para HPLC e sulfato de sódio
- Aparelhos: Frasco cónico, disjuntor, funil, amostra e funil de separação

- Preparação e análise de amostras

1. Adicionar 1 gm. Na, homogeneizado 5 min.
2. Transferir 1,3 ml para 5 ml de acetonitrilo para o tubo.
3. Adicionar sulfato de sódio 0,3 e agitar bem para remover a água.
4. Transferir uma alíquota de 10 ml para um tubo de 15 ml.
5. Utilizar esta amostra para análise por HPLC.

- PORMENORES DO INSTRUMENTO HPLC:

1) O sistema HPLC é fabricado pela Analytical Technologies, modelo no- HPLC série 3000 com detetor de UV.

2) Coluna: O fabricante é Cosmos IL, que embala a coluna C18 de 4,6 ID (diâmetro interno) em 250 ml de tamanho prático 5microna. O seu custo é de 18.000-20.000.

3) Seringa:-SGE Analytical Science fabricada na Austrália, o seu volume é de 100ul.i.e.0.1ml seringa de vidro enquanto a seringa de plástico tem capacidade de 1ml.O seu custo é de 2-3 mil.

4) O custo do instrumento varia consoante a empresa e o fabricante. Várias empresas, como a Younglin, a Shenitz, a Waaters, a Jasco, etc., estão envolvidas no fabrico de sistemas HPLC.

CONDIÇÃO HPLC:-

J Sistema de HPLC analítico fabricado nos EUA com quatro compartimentos. Era do tipo sistema binário de gradiente.

J 1 é o injetor,2nd detetor que utilizei para e A, 4th é a bomba B.

J O detetor UV/visível é utilizado para a quantificação

J A separação foi efectuada em C18 com 4,6 cm de diâmetro.

J A amostra foi injectada manualmente no injetor.

J O detetor foi ligado a um computador para processamento dos dados.

J As condições de trabalho da HPLC foram gradientes binários, a fase móvel foi acetonitrilo: água (70:30), o caudal foi de 0,5 ml min-1, o volume de injeção foi de 20ul e o comprimento de onda do detetor UV/visível foi fixado em 254nm para a análise residual dos pesticidas.

J Acetonitrilo: água (70:30), o caudal foi de 0,5 ml min-1, o volume de injeção foi de 20 ul e o comprimento de onda do detetor UV/visível foi fixado em 254 nm para a análise residual de pesticidas.

Espectros de HPLC da amostra de morango

Nome da amostra: Morango

Comprimento de onda: 254nm

Fase móvel: Acetonitrilo: Água (80:20)

Volume da amostra: 20µl

Caudal: 0,8 ml/min

Duração: 7,86min

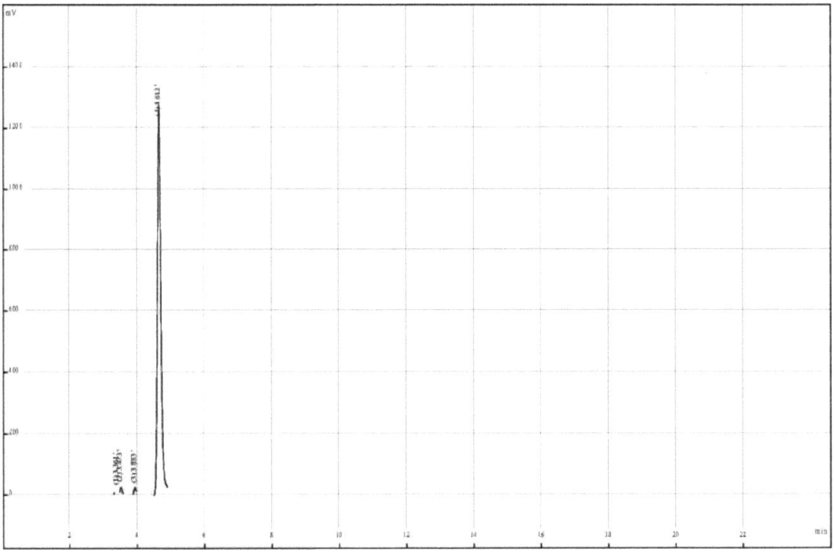

Classificação -	Tempo	Conc.	Área	Resolut.	T.PlateNum	Assimetria
1	3.361	1.1277	117718	0.66	4464	0.81
2	3.473	1.5602	162858	2.61	10803	1.08
3	3.883	1.6507	172307	3.79	7798	1.89

4	4. 612	95. 6614	9985490	0. 00	8242	1. 35

ESPECTROS HPLC DE AMOSTRAS DE FEIJÃO-FRADE

Nome da amostra: Feijão-frade

Comprimento de onda: 254nm

Fase móvel: Acetonitrilo:Água (80:20)

Volume da amostra: 20μl

Caudal: 0,8 ml/min

Duração: 7,82min

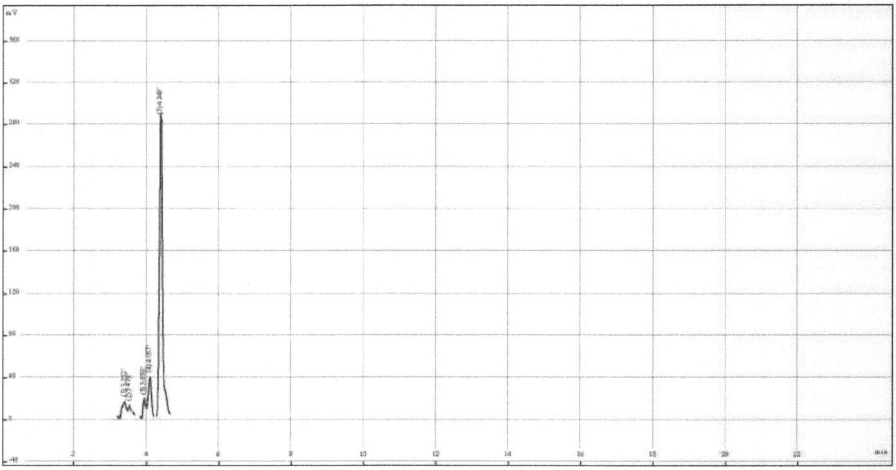

Classificação	Tempo	Conc.	Área	Resolut.	T.PlateNum	Assimetria
1	3. 352	5. 8772	149737	0. 56	3888	0. 88
2	3. 478	5. 2632	134094	2. 25	3705	1. 30
3	3. 888	4. 1605	105998	1. 09	14471	1. 49
4	4. 057	11. 1053	282935	1. 74	8511	0. 89
5	4. 349	73. 5938	1874984	0. 00	12517	1. 64

Cálculo:-

Para o feijão-frade

Área de pico do padrão de Cloridrato de Dixorobicina = 10 mg/kg

2375416.9= 10mg/kg

Área de pico do cloridrato de Dixorobicina por gráfico,

2375416.9=10mg/kg

Por conseguinte,

A concentração de Cloridrato de Dixorobicina é de 4,1605mg/kg

Para o morango:-

Área de pico do padrão de éteres difenílicos polibromados =10 mg/kg

3079225.6= 10mg/kg

Área de pico dos éteres difenílicos polibromados por gráfico

OBESERVAÇÃO:-

Verificou-se que alguns pesticidas são utilizados especificamente numa determinada zona para diferentes frutos, como o Hamala e o Lanet. O pesticida Cloropirifos é utilizado mais frequentemente numa zona para o feijão-frade e o morango, ao passo que no Dixorobic, o Cloridrato e o Difeniléter são utilizados para o morango e o feijão-frade, respetivamente. A utilização de pesticidas varia de zona para zona e de fruto para fruto.

Conclusão

Atualmente, são utilizadas ambas as técnicas cromatográficas, GC e HPLC, para a análise de amostras de frutos, uma vez que os pesticidas residuais presentes na amostra foram identificados e quantificados com referência a um pesticida padrão. O cálculo da concentração dos pesticidas presentes foi efectuado comparando as áreas dos picos da amostra com as áreas dos picos do padrão, de acordo com o protocolo estabelecido.

Assim, a combinação dos dois métodos acima descritos permitiu o rastreio rápido e fácil, tanto qualitativo como quantitativo, de pesticidas-alvo num curto período de tempo.

Resumo

Os pesticidas são amplamente utilizados na produção alimentar para aumentar a segurança alimentar, apesar do facto de poderem ter efeitos negativos para a saúde dos consumidores. Foram encontrados resíduos de pesticidas em vários frutos e legumes, tanto crus como transformados. Uma das vias mais comuns de exposição dos consumidores aos pesticidas é através do consumo de alimentos. A maioria dos alimentos é consumida depois de passar por vários tratamentos culinários e de transformação.

Algumas revisões da literatura indicaram a tendência geral de redução ou concentração de resíduos de pesticidas por determinados métodos de transformação de alimentos para um determinado ingrediente ativo. No entanto, nenhuma revisão se centrou na combinação dos resultados obtidos em diferentes estudos sobre diferentes ingredientes activos, com diferenças nas concepções experimentais, nos analistas e no equipamento de análise. Neste artigo, apresentamos uma análise metálica dos rácios de resposta como um método possível de combinar e quantificar os efeitos do processamento de alimentos nos níveis de resíduos de pesticidas. A redução dos níveis de resíduos foi indicada pelo branqueamento, cozedura, enlatamento, fritura, sumo, descasque e lavagem de frutas e legumes, com um rácio de resposta médio que varia entre 0,10 e 0,82. A cozedura, a fervura, o enlatamento e a preparação de sumos indicaram tanto uma redução como um aumento nos intervalos de confiança de 95% e 99,5%.

Após a utilização da combinação das técnicas de HPLC e GC para análise, foram identificados diferentes compostos. A identificação foi efectuada comparando os seus tempos de retenção com o padrão de referência técnico. O cloridrato de dixorobicina e o éter difenílico foram detectados abaixo do intervalo, exceto ligeiramente acima do limite.

Conclusão

Ambas as técnicas cromatográficas, ou seja, GC e HPLC, são atualmente utilizadas para a análise de amostras de frutos, uma vez que os pesticidas residuais presentes na amostra foram identificados e quantificados com referência a um pesticida padrão. O cálculo da concentração dos pesticidas presentes foi efectuado comparando as áreas dos picos com o padrão, de acordo com o protocolo estabelecido.

Assim, a combinação dos dois métodos acima descritos permitiu o rastreio rápido e fácil, tanto qualitativo como quantitativo, de pesticidas-alvo num curto espaço de tempo.

Perigo biológico:-

Foi demonstrado que, quando os frutos são pulverizados com pesticidas, podem ser causados efeitos nocivos para a saúde devido à injeção e absorção destes pesticidas. Alguns pesticidas são altamente tóxicos e, mesmo em quantidades muito pequenas, podem provocar a morte de seres humanos e animais, enquanto a exposição a uma quantidade suficiente de quase todos os pesticidas pode provocar doenças a longo prazo. As estatísticas mostram um aumento de 75% no risco de desenvolver a doença de Parkinson em indivíduos expostos a níveis baixos de pesticidas. Sabe-se que a exposição a pesticidas está associada a problemas de saúde a longo prazo, como perturbações respiratórias e de memória, doenças dermatológicas, cancro, depressão, deficiências neurológicas, abortos e defeitos de nascença. Dependendo da duração da exposição aos pesticidas, podem ocorrer efeitos adversos a curto prazo, agudos e crónicos para a saúde. Os efeitos agudos para a saúde incluem ardor nos olhos, erupções cutâneas, bolhas, cegueira, náuseas e morte, enquanto os efeitos crónicos para a saúde incluem infertilidade, toxicidade para o desenvolvimento, toxicidade imunitária e perturbação do sistema endócrino.

A via mais comum de entrada dos pesticidas no organismo é a oral, através da boca e do aparelho digestivo, a dérmica, através da pele, ou a inalatória, através do nariz e do aparelho respiratório.A exposição dérmica representa cerca de 90% da exposição dos utilizadores de pesticidas a pesticidas não fumigantes. Esta exposição pode ocorrer sempre que um pesticida é misturado, aplicado ou manuseado, e muitas vezes não é detectada. Os materiais secos, o pó, o pó vegetal e os grânulos, bem como os pesticidas líquidos, podem ser absorvidos através da pele. A exposição por inalação resulta da queima de contentores que contêm fumos de pesticidas, pó de pesticidas ou partículas de pulverização. Também pode ocorrer ao respirar o fumo de um contentor em chamas que contém fumos de pesticidas durante a aplicação sem equipamento de proteção, ao respirar fumos durante a aplicação de pesticidas e ao fumar produtos do tabaco.

Referências

1) Pesticide residue analysis of fruits and vegetables, journal of the environment chemistry and ecotoxicology,22nd ,vol -4/19-28

2) Preparação de amostras na análise de pesticidas em alimentos por técnica cromatográfica, gaur haut tan, Meekinchu, Malásia

3) http : //en.wikipedia.org/wiki/pestiside

4) Determinação de pesticidas em frutos e legumes por extração acetónica e GC /MS por ZaibHussain, Lahor, Journal of Scientific Research,

5) análise de resíduos de pesticidas em frutos e produtos hortícolas, por tahiranwar

6) http://www.thefreelibrary.com/Pesticide+Análise+Visão geral+método

7) http://www.cseindia.org/html/lab/health pest. htm

8) A.R. Fernendez-Alba, A.Aguera, Pesticides in food, bioanalchem (2007).

CAPÍTULO - 2

Determinação de pesticidas residuais por meio de técnicas de GC-MS, LC-MS e HPLC em uvas.

Introdução

A uva (Vitis vinifera) é basicamente uma cultura subtropical. No entanto, na Índia, as uvas são cultivadas pela sua excelência também em condições tropicais. Na Índia, as uvas são cultivadas numa área de 111,4 mil hectares, com uma produção total de 1 234,9 mil toneladas e uma produtividade de 11,1 toneladas/ha. Devido aos sistemas especiais de formação de mão de obra para o cultivo da uva na Índia, a produtividade é a mais elevada entre os países produtores de uva do mundo. Maharashtra é um estado líder na produção de uvas em todo o país. No que respeita às terras agrícolas cultivadas com uvas e à produção de uvas, os distritos de Nasik e Sangli estão na vanguarda do Estado. Para além destes, as uvas também são cultivadas nos distritos de Ahmednagar, Pune, Satara, Solapur e Osmanabad. Atualmente, as uvas são também produzidas no distrito de Latur, em Marathwada. No entanto, os distritos de Nasik e Sangli estão à frente na produção de uvas de forma científica. A área cultivada com uvas em Maharashtra é de 86 mil hectares e a produção anual é de cerca de 774 mil toneladas de uvas. A exportação total de uvas da Índia é de 108,58 mil toneladas em 2011-12, no valor de 602,88 milhões de rupias, das quais quase 80% são exportadas de Maharashtra. Um pesticida é uma substância ou mistura de substâncias utilizada para matar uma praga.

Um pesticida é qualquer substância destinada a prevenir, destruir, repelir ou atenuar qualquer praga. Um pesticida pode ser uma substância química, um agente biológico, como um vírus ou uma bactéria, um antimicrobiano, um desinfetante ou um dispositivo utilizado contra qualquer praga. As pragas incluem insectos, agentes patogénicos para as plantas, ervas daninhas, moluscos, aves, peixes, nemátodos, micróbios, etc. Embora a utilização de pesticidas tenha vantagens, existem também inconvenientes, como a potencial toxicidade para os seres humanos e outros animais.

Na Índia, as culturas comerciais são frequentemente objeto da aplicação de um grande número de pesticidas ao longo das épocas de cultivo para controlar uma série de pragas e doenças. Os resíduos de pesticidas são uma grande preocupação para os regulamentos de qualidade e as normas de segurança alimentar estão a tornar-se mais rigorosas na maioria dos países. A gestão dos resíduos de pesticidas nas culturas é um desafio, porque, para além da aplicação direta, os resíduos de pesticidas podem também aparecer nas culturas a partir de fontes indirectas, como o solo, os agro-inputs contaminados (por exemplo, estrume, fertilizantes, reguladores de crescimento, água de irrigação, etc.), a deriva de campos adjacentes de outras culturas agrícolas, etc. É por esta razão que cerca de 100 produtos químicos são regularmente controlados em todas as amostras de frutos de origem indiana para exportação.

Considerando a importância da segurança alimentar, o Governo da Índia tornou o certificado de análise de resíduos um pré-requisito obrigatório para a emissão de um certificado fitossanitário para exportação. Os pesticidas constantes da lista de controlo pertencem a classes químicas diversificadas e os laboratórios de ensaio na Índia costumavam analisá-los em vários grupos por métodos baseados em CG e HPCL, o que exigia um longo período de tempo para concluir a análise, mas a situação atual exige um tempo de resposta rápido - em que a análise tem de ser concluída no prazo de 24-48 horas após a apresentação de uma amostra ao laboratório. Por conseguinte, é necessário dispor de um método analítico que permita a determinação simultânea dos pesticidas-alvo em qualquer amostra através de um único esforço, com uma eficiência global equivalente ou superior. A utilização de pesticidas tem muitas vantagens, mas também tem inconvenientes. São os seguintes:

1) Os pesticidas são perigosos e letais tanto para os organismos como para os seres humanos.

2) Os pesticidas também são tóxicos para as plantas e muitas culturas alimentares, incluindo frutas e legumes, contêm resíduos de pesticidas depois de serem lavadas ou descascadas.

3) Os pesticidas diminuem a biodiversidade do solo.

4) Os pesticidas também diminuem a propriedade de retenção de água do solo. Os pesticidas são perigosos e tóxicos para a saúde humana se permanecerem nos frutos e legumes, causando doenças.

Trabalho literário:-

Depois de analisar o comportamento 8/e dos resíduos de pesticidas nos frutos, concluiu-se que os diferentes pesticidas apresentam desaparecimentos diferentes, como (tl/2 4. 3, 12, 12.8 ,75.2 e 24 dias) para o ciprodinil, mepanipirime, azonistorbina, hexazazol, dicloroso), ficando muito menos resíduos nos frutos. Ou seja, 13-15%. [1]

Foi efectuada a determinação de resíduos de pesticidas em uvas utilizando GC-MS, LC-MS e HPLC Analysis; os dados obtidos foram comparados com os de um pesticida de referência através da correspondência do peso molecular com uma biblioteca de pesticidas conhecidos. Os factores estudados foram o tempo de retenção, o tempo de eluição, a abundância relativa e o peso molecular .[2]

O resultado mostrou que os pesticidas de baixo peso molecular foram eluídos antes dos pesticidas de elevado peso molecular. O pesticida identificado foi. Hidroxifurano-1. Forclorofenurão-1, Hidroxicarbofurão-1, L-cialotrina-2, Buprofezina-2, Cloropirifos, Tetraconazol, Miclobutanil e Triadimenol.

O controlo dos resíduos de pesticidas nas uvas exportáveis, quando efectuado, mostra que as uvas de qualidade exportável eram constituídas por resíduos de pesticidas dentro dos limites normais estabelecidos pelas normas relativas aos pesticidas.[3]

Entre 2013 e 2014, foi recolhido um total de 5 amostras de uvas de variedades exportáveis de várias regiões de Nashik. Todas as amostras de uvas foram monitorizadas em relação a 180 pesticidas de resíduos, que incluem o Forclorofenurão-1, o Hidroxicarbofurão-1, a L-Cialotrina-2, a Buprofezina-2, o Clorpirifos, o Tetraconazol, o Miclobutanil e o Triadimenol.

De acordo com o método validado, foram testadas 5 variedades de uvas: Thomson seedlees, Flame seedless, Sonaka, Tas-e- ganesh e sharad seedless. De cada variedade foram recolhidos e analisados 5 kg de amostra.

Determinação de resíduos de pesticidas em uvas por GC-MS, LC-MS e HPLC, utilizando ACETONITRIL como solvente. A análise foi efectuada por GC-MS; LC-MS e HPLC. Os dados obtidos foram comparados com os de um pesticida de referência, fazendo corresponder o peso molecular a uma biblioteca de pesticidas conhecidos. Os factores estudados foram o tempo de retenção, o tempo de eluição, a abundância relativa e o peso molecular.[8]

O resultado mostrou que os pesticidas de baixo peso molecular foram eluídos antes dos pesticidas de elevado peso molecular. Os pesticidas identificados foram o Forclorofenurão-1, o Hidroxicarbofurão-1, a L-cialotrina-2, a Buprofezina-2, o Clorpirifos, o Tetraconazol, o Miclobutanil e o Triadimenol.

RECOLHA DE AMOSTRAS

Variedades de uvas s	Área	Utilização de pesticidas	Modo de ação	Conteúdo
Flame Seedless	Sakore	Forclorofenu rão-1	Insecticidas	Forclorofenurão-1
Thomson	Pimpalgaon	Hidroxicarbo furano-1	Insecticidas	Hidroxicarbofurano-1
Sonaka	Dhotarkhed e	Buprofesina-2	Insecticidas	Buprofesina-2
Tas E Ganesh	Ahergaon	Hidroxicarbo furano-1	Insecticidas	Hidroxicarbofurano-1
Sharad Seedless	Pressa Dumala	Hidroxicarbo furano-1	Insecticidas	Hidroxicarbofurano-1

Lista de pesticidas para várias frutas e legumes

- Romã Endosulfan, Lamda-cyhelotrin, Dichlorvous, p-quate di Chloride.
- Goiaba Clorpirifos, Cipermetrina, Tiopenato de metilo
- Espinafres tiopenatametilo, carbendazime, dimetoato, imidaclopride.
- Bittergaurd Imidaclopride, Tiopenato.
- Frio Mancozebe, Carbendazime

- Dedo de moça Fipronil, Imidaclopride.

- Uvas Buprofesina, Clropirifos, Miclobutanil. L-cialotrina-2, Forclorofenurão-1, Hidroxicrobufurão-1

Determinação de pesticidas residuais em uvas por meio das técnicas gc-ms, lc-ms e hplc

Produtos químicos Aparelho

a) Acetonitrilo

b) Cloreto de sódio

c) Água de grau HPLC

d) Sulfato de sódio

a) Frasco cónico

b) Copo

c) Cilindro de medição

d) Micro tubo de ensaio

e) Funil

f) Tubo de amostragem

g) Funil de separação

PREPARAÇÃO E ANÁLISE DE AMOSTRAS

J Homogeneizar 12,5 g de amostra com 25 ml de acetonitrilo

J Adicionar 2,5 gm de Nacl

J Homogeneizar esta amostra durante 5 minutos.

J Transferir 6,5 ml de uma camada superior de acetoritrilo para um tubo graduado de 15 ml.

J Adicionar 0,750 g de sulfato de sódio e agitar bem para remover a água. Centrifugar a alta velocidade durante 5 minutos.

J Transferir 5 ml de adiquot para um tubo limpo de 15 ml.

J Eluir o pesticida com 10 ml de acetonitrilo e tolueno (3:1), utilizando um evaporador rotativo, e concentrar o volume em 2 ml.

J Adicionar 1 ml de acetona para concentrar o material em 2 ml.

J Após cada adição, efetuar a troca de solvente para acetóreo.

J Transferir quantitativamente para um tubo de ensaio limpo de 5 ml.

J Utilizar esta amostra para a técnica de HPLC.

Ready for HPLC Technique

PORMENORES SOBRE O INSTRUMENTO GC-MS UTILIZADO

Sistema : Cromatógrafo de gás

Modelo n. : CG 2013

Empresa : Analytical Technologies Ltd.

Detetor : Detetor de ionização de chama (FID)

Coluna : Coluna de Embalagem Carbowax (SS 2metros)

Os parâmetros mantidos durante a experiência são os seguintes:

- Fase móvel : Gás nitrogénio (pressão 3 kg/cm)^2

- Detetor : Hidrogénio gasoso (pressão 3 kg/cm)^2

  : Ar (pressão 3 kg/cm)^2

- Temperatura : Injector100° C

  Forno110° C

  Detector100° C

- Volume de injeção : 1,0 µl

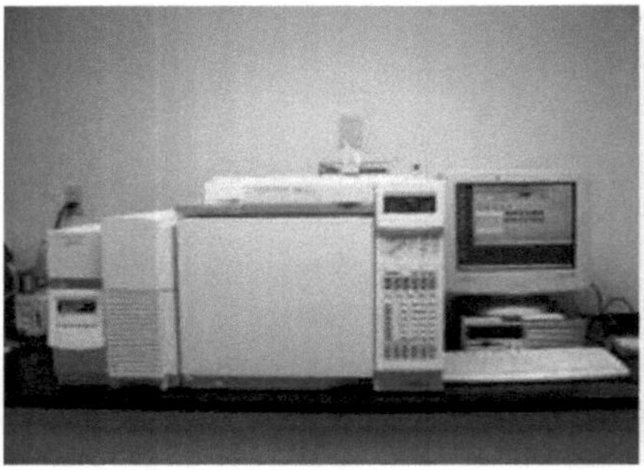

Sistema analítico de GC (fabricado nos EUA) Modelo n.º GC-2013

PORMENORES DO INSTRUMENTO HPLC:

1) O sistema HPLC é fabricado pela Analytical Technologies, modelo no-HPLC série 3000 com detetor de UV.

2) Coluna: - O fabricante é a coluna C18 Cosmosil pack 4.6 ID (diâmetro interno) em 250ml de tamanho prático 5microne. O seu custo é de 18.000 a 20.000 euros.

3) Seringa: - SGE Analytical Science fabricada na Austrália, o seu volume é de 100ul, ou seja, uma seringa de vidro de 0,1 ml, enquanto a seringa de plástico tem capacidade para 1 ml. O seu custo é de 2-3 mil.

4) O custo do instrumento varia de empresa para empresa e de fabricante para fabricante. Várias empresas, como Younglin, Schenitz, Waaters, Jasco, etc., estão envolvidas no fabrico de sistemas HPLC.

CONDIÇÃO HPLC:-

✓ Sistema de HPLC analítico fabricado nos EUA com quatro compartimentos. O sistema era do tipo binário gradiente.

✓ 1st é injetor,2nd detetor,3rd bomba A,4th é bombaB.

✓ O detetor UV/Visível é utilizado para a quantificação do pesticida.

✓ A separação foi efectuada em C18 com 4,6 cm de diâmetro.

✓ A amostra foi injectada manualmente no injetor.

✓ O detetor foi ligado a um computador para processamento de dados.

✓ A condição de trabalho da HPLC foi gradiente binário, a fase móvel foi acetonitrilo : água (70:30), o caudal foi de 0,5 ml min-1, o volume de injeção foi de 20ul e o comprimento de onda do detetor Uv/visível foi fixado em 254nm para a análise residual de pesticidas.

Sistema de HPLC analítico (fabricado nos EUA) Modelo n.º -3000 Série

CERTIFICADO DE ANÁLISE DE RESÍDUOS Primeira amostra

S.N.	Relatório de ensaio n.º CG14-1874-001	Data do relatório: 27/01/2014
1	Nome e endereço do agricultor	Malode Sushilabai Ashokrao, Sakore
2	Nome do exportador	JAY AGRO EXPORT
3	Número de registo da exploração/lote	MH0612025701
4	Localização da exploração/lote	Sakore
5	Área da exploração/lote(s) abrangida(s) pelo presente relatório (em hectares)	0.4
6	Produção total provável da exploração (em MT.)	10
7	abrangidos pelo presente relatório [calculados com base no Anexo-2 (para efeitos de superfície) e no Anexo-4 (B)]	Flame Seedless
8	Nome da variedade de uva	24/01/2014
	Detalhes da amostra	Embalado de acordo com as instruções da APEDA
	(a) Data de colheita da amostra	SGS14VVS006
	(b) Quantidade da amostra total (em kg)	De acordo com o anexo (7) das diretrizes APEDA
	(c) Quantidade de amostras de laboratório (em kg)	
	(d) Embalagem	
	Código da amostra N.º.	
	(e) Código de amostra n.º.	
	(f) Processo de amostragem	
9	Nome do representante da pessoa autorizada	Vijay Survade
	Laboratório que efectuou a colheita da amostra	
10	Data de extração da amostra	24/01/2014
11	Data de receção da amostra no laboratório	25/01/2014
12	Data de conclusão da análise	27/01/2014
13	Método de análise	De acordo com o método validado e harmonizado por
14	Outras informações	Laboratório Nacional de Referência (NRL) NRCG Pune

Relatório de ensaio n.º CG14-1874-001			**Data do relatório : 27/01/2014**				
S.N.	**N.º Sr. de**	**Nome do pesticida**	**Teor de resíduos (mg/kg)**		**(LOQ) (mg/kg)**	**Equipamento utilizado**	**LMR UE (mg/kg)**
	Anexo 9		**Individua l**	**Soma**			
1	40	Clorpirifos	0.03	0.03	0.01	GC-MS/MS	0.5
2	92	*Forclorfenuro n (CPPU)	0.011	0.011	0.01	LC-MS/MS	0.05
3	112	Lambda-cialotrina	0.055	0.055	0.01	GC-MS/MS	0.2
4	118	Mandipropamida	0.01	0.01	0.01	LC-MS/MS	2
5	127	Myclobutanil	0.015	0.015	0.01	LC-MS/MS	1
6	159	Spinosade (soma de Spinosys A+D)	0.012	0.012	0.02	LC-MS/MS	0.05
7	166	Tetra conazol	0.17	0.17	0.01	GC-MS/MS	0.5

BLQ - Abaixo do limite de quantificação

LMR UE fixado em LOQ (mg/kg) de acordo com

http://ec.europa.eu/sanco_pesticides/public/index.cfm?event=substance.selection.

† Trata-se de produtos naturais. O LMR da UE não existe para estes produtos químicos. Portanto, seu LMR é definido no LOQ do método desenvolvido e validado no Laboratório Nacional de Referência do NRC para Uvas.

#Referência: Regulamento (CE) n.º 1881/2006 da Comissão, de 19 de dezembro de 2006. REGULAMENTO (UE) N.º 777/2013 DA COMISSÃO de 12 de agosto de 2013 ! REGULAMENTO (UE) N.º 1138/2013 DA COMISSÃO de 8 de novembro de 2013.

Indica que estes parâmetros de ensaio não estão abrangidos pelo nosso âmbito de acreditação NABL.

Relatório de ensaio n.º CG14-1874-001Data do relatório : 27/01/2014

CERTIFICADO

1) Certificamos que a amostra foi colhida pelo nosso representante autorizado na quinta com o número de registo MH0612025701 e foi analisada por nós. A amostra foi testada para a deteção de resíduos de agroquímicos de acordo com o Anexo 9 do Plano de Monitorização de Resíduos para Uvas de Mesa

(http://www.apeda.gov.in/apedawebsite/Grapenet/annex92014.pdf) e o teor de resíduos na amostra é o indicado na coluna 4 do quadro acima.

2) O reconhecimento APEDA deste laboratório é válido até à data.

Resultado: A amostra está em conformidade com as exigências de LMR da UE

1. Os resultados dos ensaios referem-se apenas à(s) amostra(s) ensaiada(s).

2. O certificado de ensaio, na sua totalidade ou em parte, não pode ser reproduzido, exceto se for escrito

A autorização é obtida junto do laboratório.

ESPECTROS GC-MS DA AMOSTRA DE CHAMA

Amostra						**Método da L-cialotrina-II**		**Resultados da L-cialotrina-II**		
Nome	**Ficheiro de dados**	**Tipo**	**Nível**	**Data de aquisição Data. Hora**	**Frasco**	**Exp. Conc.**	**RT**	**Resp.**	**Calc. Conc.**	**Final**
20140303-CC_1	20140303-CC_1.D	Cal	1	03/03/2014 11:46:00 PM	71	8.7	22.309	510.65	9.09	9.09
20140303-CC_2	20140303-CC_2.D	Cal	2	03/04/2014 12:32:00 AM	72	17.4	22.305	1020.9	17.53	17.53
20140303-CC_3	20140303-CC_3.D	Cal	3	03/04/2014 01:17:00 AM	73	43.5	22.305	2555	42.9	42.9
20140303-CC_4	20140303-CC_4.D	Cal	4	03/04/2014 02:02:00 AM	74	87	22.305	4818.9	80.35	80.35
20140303-CC_5	20140303-CC_5.D	Cal	5	03/04/2014 02:48:00 AM	75	174	22.305	10889	180.74	180.74
Chama	5355-001.D	Amostra		03/04/2014 08:44:00 PM	65		22.309	2369.6	39.83	39.83

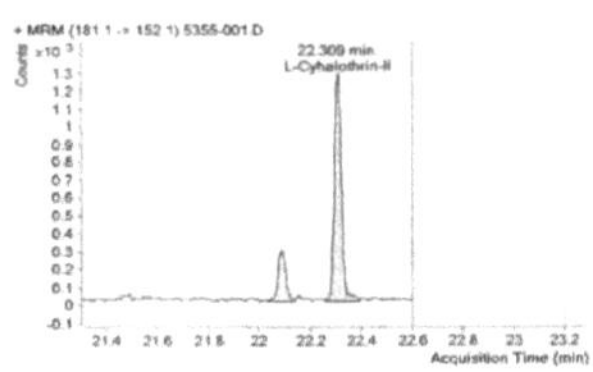

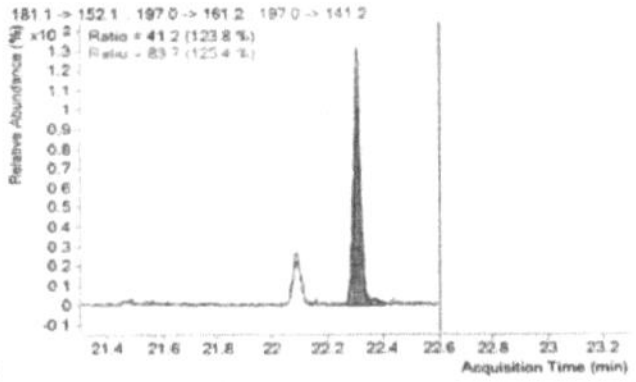

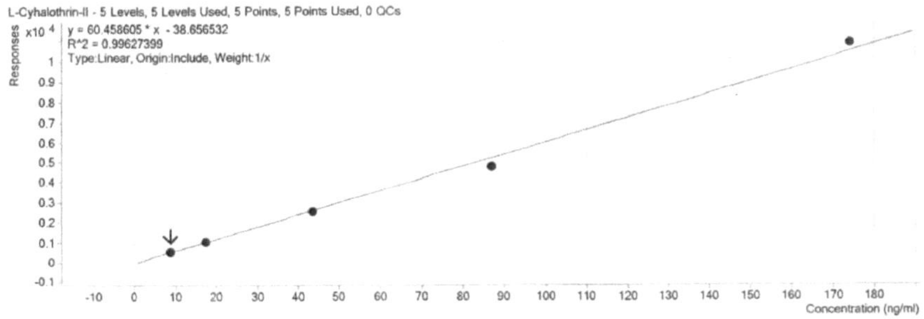

Sr. Não	Nome Sampel	Tipo de amostra	Analito Nome do pico	Unidades de análise	Área de pico do analito (contagens)	Analito Conc. (Ug/Kg)	Analito Tempo de retenção (Min)	Conc. calculada (Ug/Kg)	Precisão %
1	Peste 10 ppb	Padrão	F orclorfenurão-1	Ug/kg	28737.522	10.0	9.98	10.9	109.
2	Peste 20 ppb	Padrão	F orclorfenurão-1	Ug/kg	42621.073	20.0	9.99	19.3	96.4
3	Peste 500 ppb	Padrão	F orclorfenurão-1	Ug/kg	84859.681	50.0	9.99	44.9	89.7
4	Peste 100 ppb	Padrão	F orclorfenurão-1	Ug/kg	185168.083	100.0	9.99	106.	106.
5	Peste 200 ppb	Padrão	F orclorfenurão-1	Ug/kg	340019.916	200.0	9.99	199.	99.7
6	Pest Blank	Desconhecido	F orclorfenurão-1	Ug/kg	3276.231	N/A	9.95	< 0	N/A
7	Chama	Desconhecido	F orclorfenurão-1	Ug/kg	33047.718	N/A	9.88	13.5	N/A

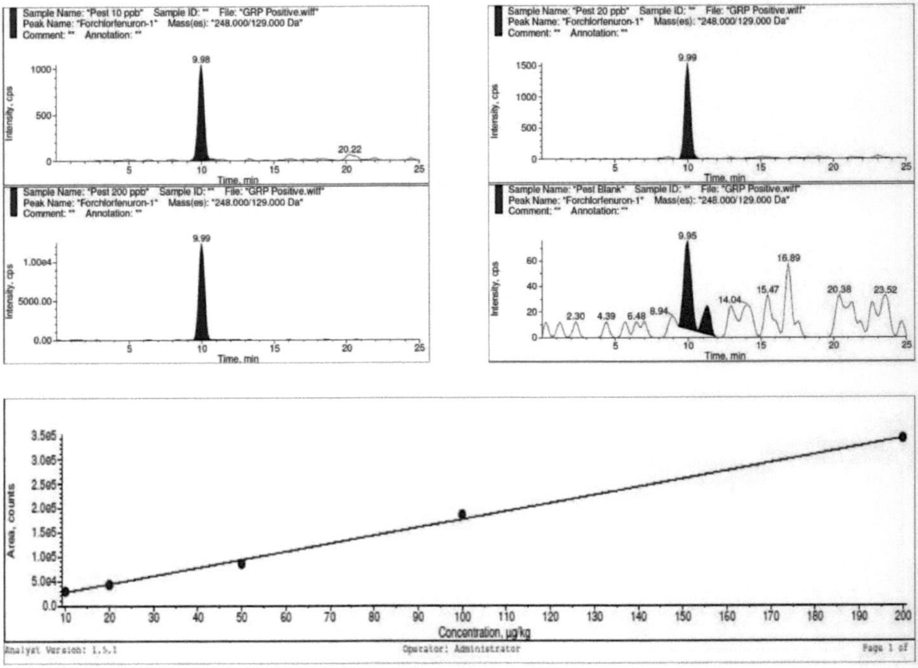
Sample Name: "Pest 10 ppb" Sample ID: "" File: "GRP Positive.wiff"
Peak Name: "Forchlorfenuron-1" Mass(es): "248.000/129.000 Da"
Comment: "" Annotation: ""
Sample Name: "Pest 20 ppb" Sample ID: "" File: "GRP Positive.wiff"
Peak Name: "Forchlorfenuron-1" Mass(es): "248.000/129.000 Da"
Comment: "" Annotation: ""
Sample Name: "Pest 200 ppb" Sample ID: "" File: "GRP Positive.wiff"
Peak Name: "Forchlorfenuron-1" Mass(es): "248.000/129.000 Da"
Comment: "" Annotation: ""
Sample Name: "Pest Blank" Sample ID: "" File: "GRP Positive.wiff"
Peak Name: "Forchlorfenuron-1" Mass(es): "248.000/129.000 Da"
Comment: "" Annotation: ""
Intensity, cps
Time, min
Area, counts
Concentration, µg/kg
Analyst Version: 1.5.1
Operator: Administrator
Page 1 of

Nome da amostra: PPF FlameComprimento de onda : 254nm Volume da amostra: 20µl

Fase móvel: Acetonitrilo:Água (70:30) Pressão:9-10MPa

Caudal: 0,8 ml/min

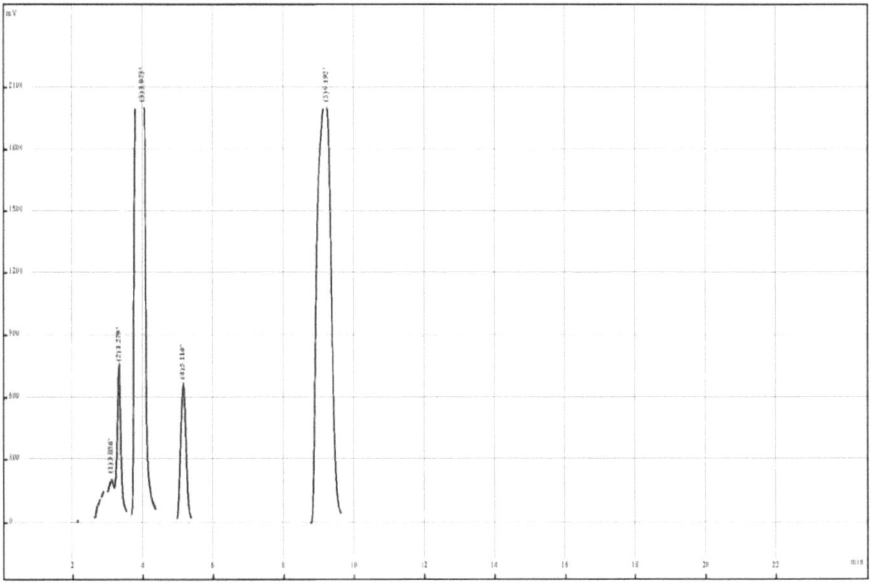

Classificação	Tempo	Conc.	Área	Pesticidas
1	3.056	3.9497	4683938	-
2	3.279	5.6165	6660612	Clorpirifos
3	3.973	37.7121	44723085	-
4	5.116	6.4416	7639131	F orclorofenurão

CERTIFICADO DE ANÁLISE DE RESÍDUOS

Primeira amostra

N.º Sr.	Relatório de ensaio n.º CG14-4008-005	Data do relatório: 18/02/2014
1)	Nome e endereço do agricultor	Niphade Sushila Prabhakar,dhotarkhede
2)	Nome do exportador	FRESHTROP FRUITS LTD.
3)	Número de registo da exploração/lote	MH0615048101
4)	Localização da exploração/lote	dhotarkhede
5)	Área da exploração/lote(s) abrangida(s) pelo presente relatório (em hectares)	0.57
6)	Produção total provável da exploração (em toneladas) abrangida pelo presente relatório [calculada com base no anexo-2 (para efeitos de superfície) e no anexo-4(B)]	16
7)	Nome da variedade de uva	Sonaka
8)	Detalhes da amostra	
	(a) Data de colheita da amostra	15/02/2014
	(b) Quantidade da amostra total (em kg)	5
	(c) Quantidade de amostras de laboratório (em kg)	5
	(d) Embalagem	Embalado de acordo com as instruções da APEDA
	(e) Código de amostra n.º.	SGS14VVS060
	(f) Processo de amostragem	De acordo com o anexo (7) das diretrizes da APEDA
9)	Nome do representante do Laboratório Autorizado que colheu a amostra	Vijay Survade
10)	Data de extração da amostra	15/02/2014
11)	Data de receção da amostra no laboratório	16/02/2014
12)	Data de conclusão da análise	18/02/2014
13)	Método de análise	De acordo com o método validado e harmonizado por
		Laboratório Nacional de Referência (NRL) NRCG Pune
14)	Outras informações	

Relatório de ensaio n.º CG14-4008-005			Data do relatório : 18/02/2014				
S.N.	**N.º Sr. de**	**Nome do pesticida**	**Teor de resíduos (mg/kg)**		**(LOQ) (mg/kg)**	**Equipamento utilizado**	**LMR UE (mg/kg)**
	Anexo 9						
			Individual	**Soma**			
1	15	Azoxistrobina	**0.142**	**0.142**	0.01	LC-MS/MS	2
2	23	Buprofezina	**0.013**	**0.013**	0.01	LC-MS/MS	1
3	55	Difenoconazol	**0.032**	**0.032**	0.05	LC-MS/MS	0.5
4	127	Myclobutanil	**0.060**	**0.060**	0.01	LC-MS/MS	1
5	166	Tetraconazol	**0.068**	**0.068**	0.01	GC-MS/MS	0.5

BLQ - Abaixo do limite de quantificação

* LMR UE fixado em LOQ (mg/kg) de acordo com

http://ec.europa.eu/sanco_pesticides/public/index.cfm?event=substance.se lecção.

† Trata-se de produtos naturais. O LMR da UE não existe para estes produtos químicos. Portanto, seu LMR é definido no LOQ do método desenvolvido e validado no Laboratório Nacional de Referência do NRC para Uvas.

#Referência: Regulamento (CE) n.º 1881/2006 da Comissão, de 19 de dezembro de 2006.

^ REGULAMENTO (UE) N.º 777/2013 DA COMISSÃO de 12 de agosto de 2013.

! REGULAMENTO (UE) N.º 1138/2013 DA COMISSÃO de 8 de novembro de 2013.

Relatório de ensaio n.º CG14-4008-005	Data do relatório : 18/02/2014	

Indica que estes parâmetros de ensaio não estão abrangidos pelo nosso âmbito de acreditação NABL.

CERTIFICADO

1) Certificamos que a amostra foi colhida pelo nosso representante autorizado na quinta com o número de registo: MH0615048101 e foi analisada por nós. A amostra foi testada para a deteção de resíduos de agroquímicos de acordo com o Anexo 9 do Plano de Monitorização de Resíduos para Uvas de Mesa (http://www.apeda.gov.in/apedawebsite/Grapenet/annex92014.pdf) e o teor de resíduos na amostra é o indicado na coluna 4 do quadro acima.

2) O reconhecimento APEDA deste laboratório é válido até à data.

Resultado: A amostra está em conformidade com as exigências de LMR da UE

1. Os resultados dos testes referem-se apenas à(s) amostra(s) testada(s).

2. O certificado de ensaio, no todo ou em parte, não pode ser reproduzido sem autorização escrita do laboratório.

ESPECTROS GC-MS DA AMOSTRA DE SONAKA

Amostra						**L-Cialotrina-II Método**	**Resultados da L-cialotrina-II**			
Nome	**Ficheiro de dados**	**Tipo**	**Nível**		**Frasco**	**Exp. Conc.**	**RT**	**Resp.**	**Calc. Conc.**	**Final**
20140303-CC_1	20140303-CC_1.D	Cal	1		71	8.7	22.309	510.65	9.09	9.09
20140303-CC_2	20140303-CC_2.D	Cal	2		72	17.4	22.305	1020.9	17.53	17.53
20140303-CC_3	20140303-CC_3.D	Cal	3		73	43.5	22.305	2555	42.9	42.9
20140303-CC_4	20140303-CC_4.D	Cal	4		74	87	22.305	4818.9	80.35	80.35
20140303-CC_5	20140303-CC_5.D	Cal	5		75	174	22.305	10889	180.74	180.74
Sonaka	5355-001.D	Amostra			65		22.309	2369.6	39.83	39.83

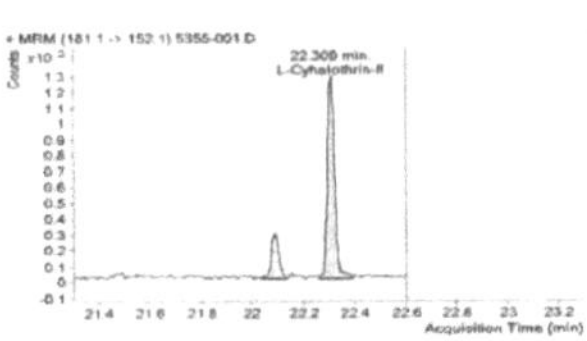
22.309 min.
L-Cyhalothrin-II
Acquisition Time (min)

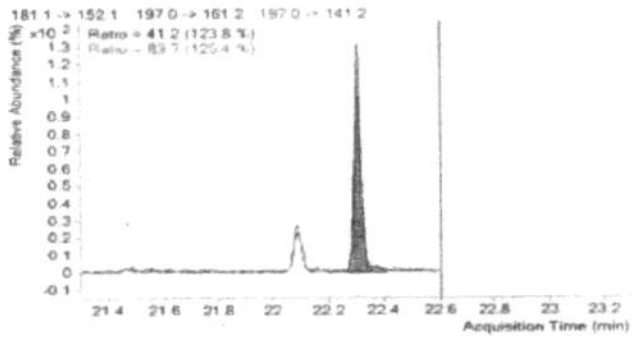
Relative Abundance (%)
Acquisition Time (min)

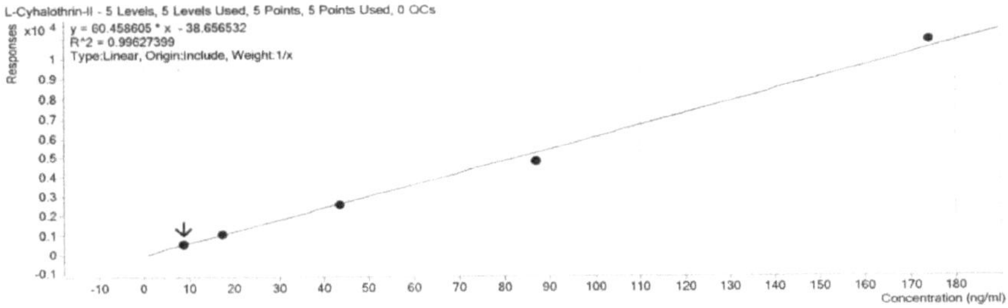
L-Cyhalothrin-II - 5 Levels, 5 Levels Used, 5 Points, 5 Points Used, 0 QCs
y = 60.458605 * x - 38.656532
R^2 = 0.99627399
Type:Linear, Origin:Include, Weight:1/x
Responses
Concentration (ng/ml)

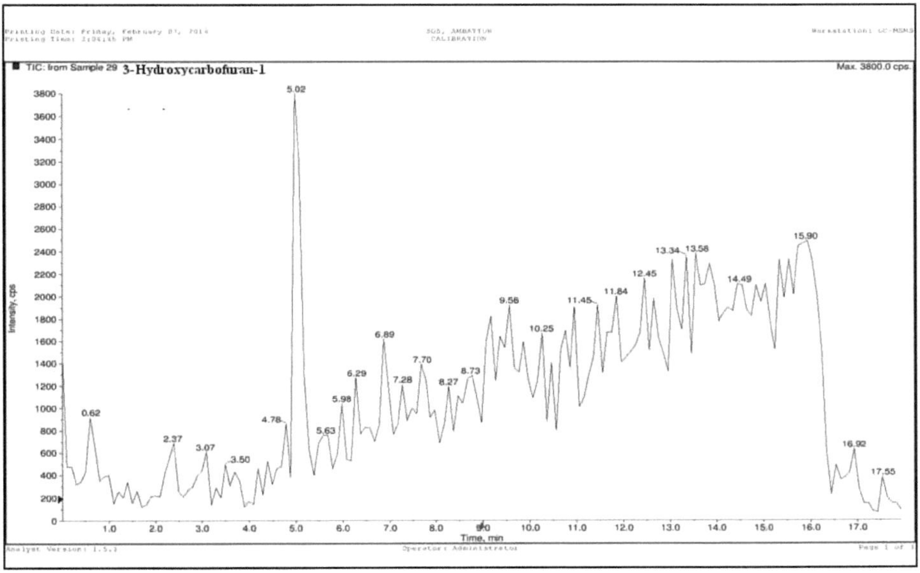
TIC: from Sample 29 3-Hydroxycarbofuran-1
Max. 3800.0 cps.
Intensity, cps
Time, min

Nome da amostra: SonakaComprimento de onda : 254nm Amostra

Fase móvel: Acetonitrilo:Água (70:30) 20µl Pressão:9-10MPa

Caudal: 0,8 ml/min

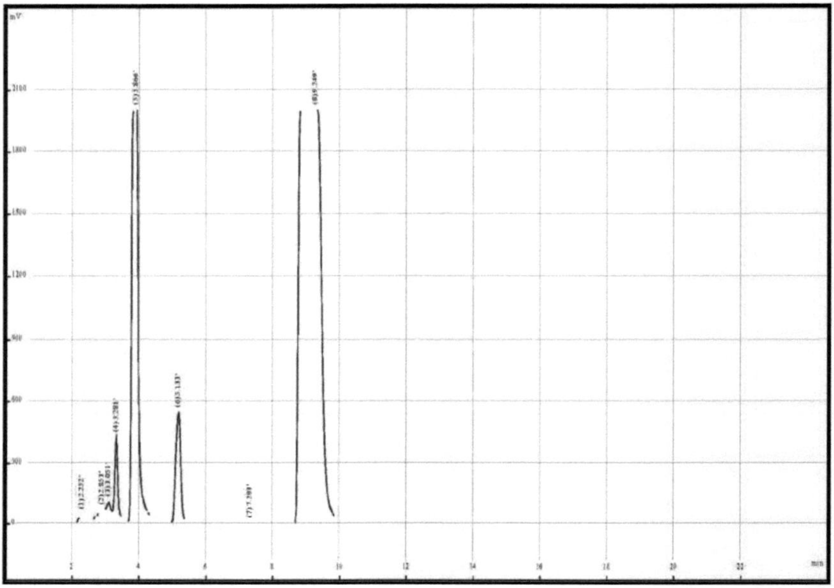

Classificação	Tempo	Conc.	Área	Pesticidas
1	2.252	0.6011	780609	-
2	2.853	0.8629	1120692	-
3	3.051	1.0094	1310912	-
4	3.281	2.4678	3204940	-
5	3.866	22.0762	28669965	Tetraconazol
6	5.133	4.7272	6139180	-
7	7.293	0.0826	107252	-
8	9.249	68.1728	88534726	Buprofuzina

CERTIFICADO DE ANÁLISE DE RESÍDUOS

Primeira amostra

Relatório de ensaio n.º CG14-6717-001	**Data do relatório: 19/03/2014**
1) Nome e endereço do agricultor	Dhumal Manik Rangnath,Ahergaon
2)Nome do exportador	
3)Fazenda/Número de registro do lote.	MH0612762201
4)Localização da exploração/lote	Ahergaon
5)Superfície da exploração/lote(s) abrangida(s) pelo presente relatório (em ha.)	0.4
6)Produção total provável da exploração (em MT.)	20
abrangidos pelo presente relatório [calculados com base em	
Anexo 2 (para efeitos de superfície) e Anexo 4 (B)]	
7)Nome da casta de uva	Tas-e-Ganesh
8)Detalhes da amostra	
(a) Data de colheita da amostra	15/03/2014
(b) Quantidade da amostra total (em kg)	5
(c) Quantidade de amostras de laboratório (em kg)	5
(d) Embalagem	Embalado de acordo com as instruções da APEDA
(e) Código de amostra n.º.	SGS14ND079
(f) Processo de amostragem	De acordo com o anexo (7) das diretrizes da APEDA
9) Nome do representante da pessoa autorizada	Naresh Dangle
Laboratório que efectuou a colheita da amostra	
10)Data de extração da amostra	15/03/2014
11) Data de receção da amostra no laboratório	16/03/2014
12)Data de conclusão da análise	19/03/2014
13)Método de análise	De acordo com o método validado harmonizado por
	Laboratório Nacional de Referência (NRL) NRCG Pune
14)Outras informações	

Relatório de ensaio n.º CG14-6717-001			**Data do relatório : 19/03/2014**				
Sl. Não	**N.º Sr. de**	**Nome do pesticida**	**Teor de resíduos (mg/kg)**		**(LOQ) (mg/kg)**	**Equipamento Usado**	**LMR UE (mg/kg)**
	Anexo 9		**Individual**	**Soma**			
1	23	Buprofezina	0.05	0.05	0.01	LC-MS/MS	1
2	38	*Clormequato (CCC)	0.012	0.012	0.01	LC-MS/MS	0.05
3	127	Miclobutanil	0.01	0.01	0.01	LC-MS/MS	1
4	166	Tetraconazol	0.012	0.012	0.01	GC-MS/MS	0.5

BLQ - Abaixo do limite de quantificação

* LMR UE fixado em LOQ (mg/kg) de acordo com

http://ec.europa.eu/sanco_pesticides/public/index.cfm?event=substance.sele ction.

↑ Trata-se de produtos naturais. O LMR da UE não existe para estes produtos químicos. Portanto, seu LMR é definido no LOQ do método desenvolvido e validado no Laboratório Nacional de Referência do NRC para Uvas.

#Referência: Regulamento (CE) n.º 1881/2006 da Comissão, de 19 de dezembro de 2006. ^ REGULAMENTO (UE) N.º 777/2013 DA COMISSÃO de 12 de agosto de 2013.

! REGULAMENTO (UE) N.º 1138/2013 DA COMISSÃO de 8 de novembro de 2013.

Indica que estes parâmetros de ensaio não estão abrangidos pelo nosso âmbito de acreditação NABL.

CERTIFICADO

Certificamos que a amostra foi colhida pelo nosso representante autorizado na exploração agrícola com o número de registo: MH0612762201 e foi analisada por nós. A amostra foi testada para o resíduo dos agroquímicos de acordo com o Anexo 9 do Plano de Monitorização de Resíduos para Uvas de Mesa

(http://www.apeda.gov.in/apedawebsite/Grapenet/annex92014.pdf) e o teor de resíduos na amostra é o indicado na coluna 4 do quadro acima apresentado.

2) O reconhecimento APEDA deste laboratório é válido até à data.

Resultado: A amostra está em conformidade com as exigências de LMR da UE

Data: 19/03/2014

Local: Chennai

1. Os resultados dos testes referem-se apenas à(s) amostra(s) testada(s).

2. O certificado de ensaio, no todo ou em parte, não pode ser reproduzido sem autorização escrita do laboratório.

ESPECTROS GC-MS DA AMOSTRA TAS-E GANESH

Amostra						**Clorpirifos Método**	**Resultados do clorpirifos**			
Nome	**Ficheiro de dados**	**Tipo**	**Nível**	**Data de aquisição Data. Hora**	**Frasco**	**Exp. Conc.**	**RT**	**Resp.**	**Calc. Conc.**	**Final**
20140303-CC_1	20140303-CC_1.D	Cal	1	03/03/2014 11:46:00 PM	71	10	11.869	109.5	10.35	10.35
20140303-CC_2	20140303-CC_2.D	Cal	2	03/04/2014 12:32:00 AM	72	20	11.857	199.6	19.1	19.1
20140303-CC_3	20140303-CC_3.D	Cal	3	03/04/2014 01:17:00 AM	73	50	11.857	538.7	52	52
20140303-CC_4	20140303-CC_4.D	Cal	4	03/04/2014 02:02:00 AM	74	100	11.857	986.3	95.45	95.45
20140303-CC_5	20140303-CC_5.D	Cal	5	03/04/2014 02:48:00 AM	75	200	11.853	2096	203.1	203.1
Tas-e Ganesh	5355-001.D	Amostra		03/04/2014 08:44:00 PM	65		11.857	3580	347.2	347.2

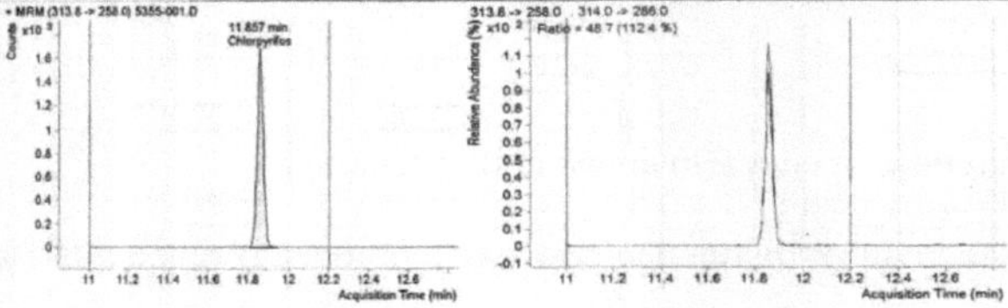
Acquisition Time (min)
Relative Abundance (%)

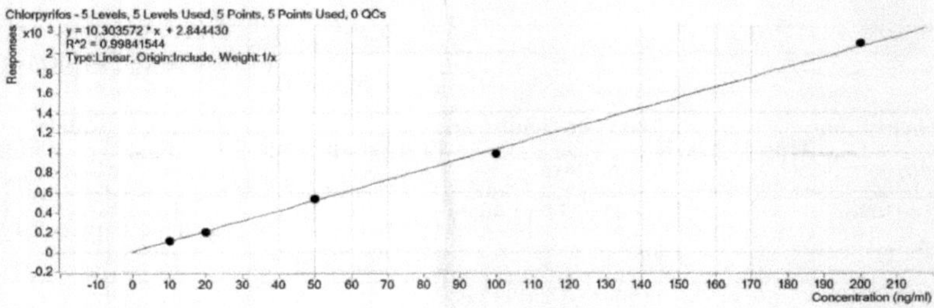
Chlorpyrifos - 5 Levels, 5 Levels Used, 5 Points, 5 Points Used, 0 QCs
y = 10.303572 * x + 2.844430
R^2 = 0.99841544
Type:Linear, Origin:Include, Weight:1/x
Responses
Concentration (ng/ml)

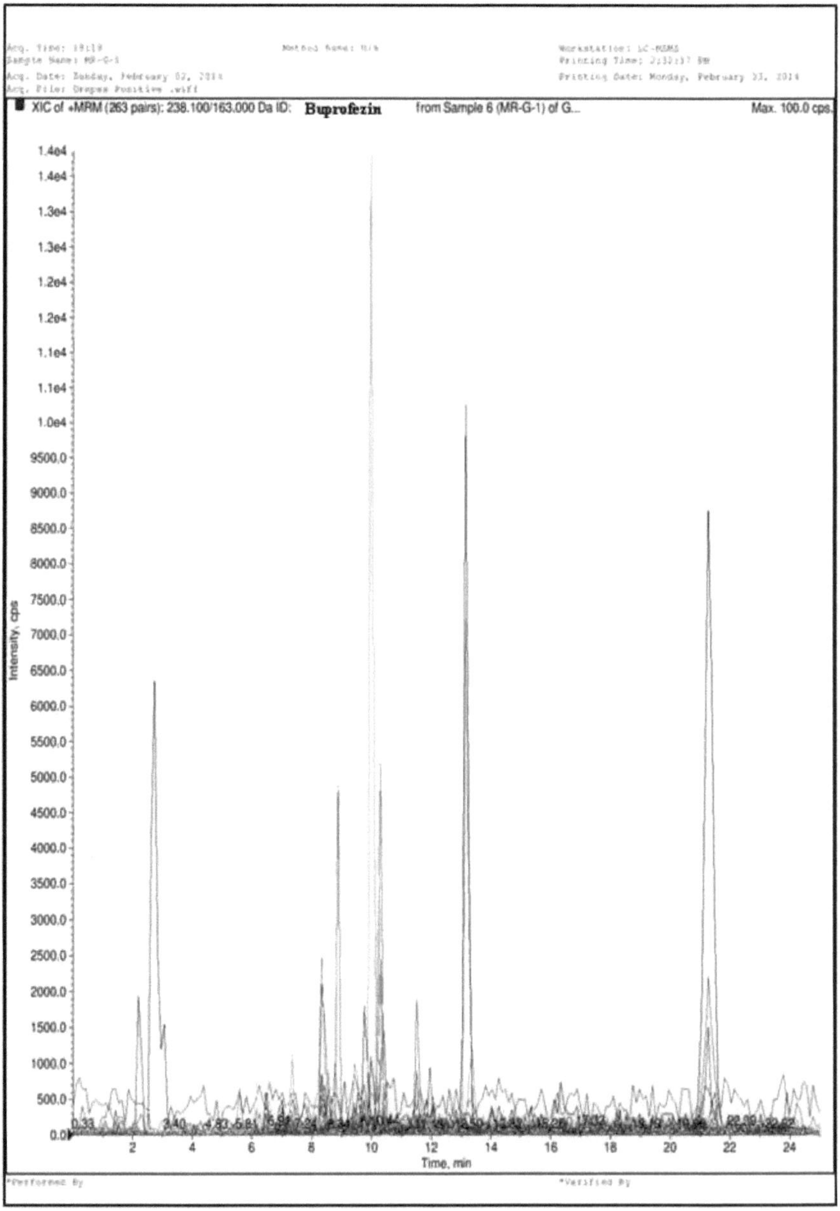
XIC of +MRM (263 pairs): 238.100/163.000 Da ID: Buprofezin from Sample 6 (MR-G-1) of G...
Max. 100.0 cps.
Intensity, cps
Time, min

Nome da amostra: Tas-e-GaneshComprimento de onda : 254nm

Fase móvel: Acetonitrilo:Água (70:30)Volume da amostra: 20µl

Taxa de fluxo: 0.8ml/minPressão :9-10MPa

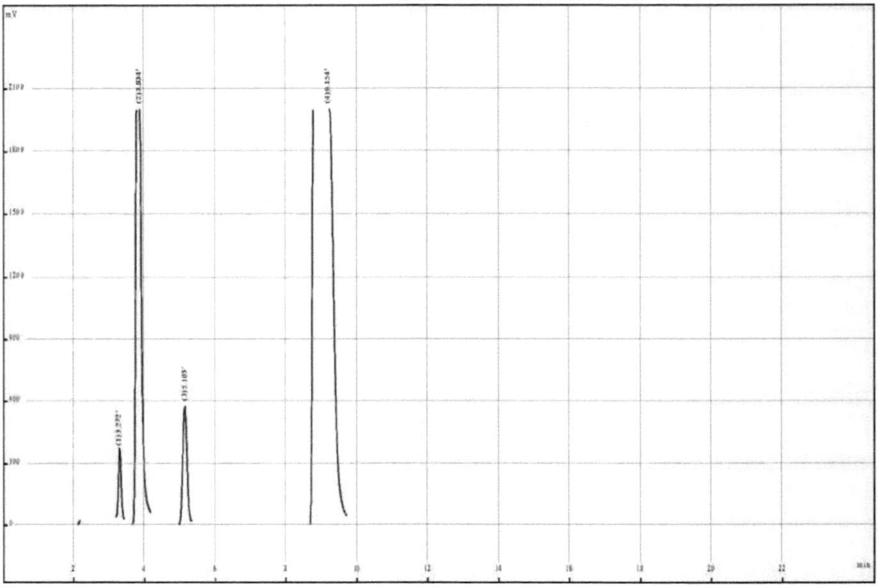

Classificação	Tempo	Conc	Área	Pesticidas
1	3.272	2.3513	2577425	-
2	3.834	22.5152	24680920	Tetraconazol
3	5.103	4.6566	5104467	-
4	9.154	70.4769	77255898	Buprofezina

CERTIFICADO DE ANÁLISE DE RESÍDUOS

Primeira amostra

Relatório de ensaio n.º CG14-4046-001	**Data do relatório: 19/02/2014**
1) Nome e endereço do agricultor	PATIL JAYRAM YESHU, HASTE DUMALA
2)Nome do exportador	FRESHTROP FRUITS LTD.
3)Fazenda/Número de registro do lote.	MH06091681402
4)Localização da exploração/lote	HASTE DUMALA
5)Superfície da exploração/lote(s) abrangida(s) pelo presente relatório (em ha.)	1.2
6)Produção total provável da exploração (em MT.)	25
abrangidos pelo presente relatório [calculados com base em	
Anexo-2 (para efeitos de superfície) e Anexo 4 (B)].	
7)Nome da casta de uva	Sharad Seedless
8)Detalhes da amostra	
(a) Data de colheita da amostra	16/02/2014
(b) Quantidade da amostra total (em kg)	5
(c) Quantidade de amostras de laboratório (em kg)	5
(d) Embalagem	Embalado de acordo com as instruções da APEDA
(e) Código de amostra n.º.	SGS14SG063
(f) Processo de amostragem	De acordo com o anexo (7) das diretrizes da APEDA
9) Nome do representante da pessoa autorizada	Samadhan Gangurde
Laboratório que efectuou a colheita da amostra	
10)Data de extração da amostra	16/02/2014
11) Data de receção da amostra no laboratório	17/02/2014
12)Data de conclusão da análise	19/02/2014
13)Método de análise	De acordo com o método validado e harmonizado por
	Laboratório Nacional de Referência (NRL) NRCG Pune
14)Outras informações	

Sl.No.	N.º Sr. de	Nome do pesticida	Teor de resíduos (mg/kg)		(LOQ) (mg/kg)	Equipamento utilizado	LMR UE (mg/kg)
	Anexo 9		Individual	Soma			
1	103	Imidaclopride	**0.15**	**0.15**	0.01	LC-MS/MS	1
2	111	Kresoxim metilo	**0.022**	**0.022**	0.01	LC-MS/MS	1
3	159	Spinosade (soma de Spinosyn A+D)	**0.36**	**0.36**	0.02	LC-MS/MS	0.5
4	166	Tetraconazol	**0.06**	**0.06**	0.01	GC-MS/MS	0.5
5	174	Triadimefão (soma de triadimefão e triadimenol)	**0.075**	**0.075**	0.01	LC-MS/MS	2
6	174.2	Triadimenol	**0.075**	**0.075**	0.01	LC-MS/MS	2

BLQ - Abaixo do limite de quantificação

* LMR UE fixado em LOQ (mg/kg) de acordo com

http://ec.europa.eu/sanco_pesticides/public/index.cfm?event=substance.se lecção.

↑ Trata-se de produtos naturais. O LMR da UE não existe para estes produtos químicos. Portanto, seu LMR é definido no LOQ do método desenvolvido e validado no Laboratório Nacional de Referência do NRC para Uvas.

#Referência: Regulamento (CE) n.º 1881/2006 da Comissão, de 19 de dezembro de 2006. ^ REGULAMENTO (UE) N.º 777/2013 DA COMISSÃO de 12 de agosto de 2013.

! REGULAMENTO (UE) N.º 1138/2013 DA COMISSÃO de 8 de novembro de 2013.

Indica que estes parâmetros de ensaio não estão abrangidos pelo nosso âmbito de acreditação NABL.

Relatório de ensaio n.º CG14-4046-001

CERTIFICADO

1) Certificamos que a amostra foi colhida pelo nosso representante autorizado na quinta com o número de registo MH06091681402 e foi analisada por nós. A amostra foi testada para a deteção de resíduos de agroquímicos, de acordo com o Anexo 9 do Plano de Monitorização de Resíduos para Uvas de Mesa (http://www.apeda.gov.in/apedawebsite/Grapenet/annex92014.pdf) e o teor de resíduos na amostra é o indicado na coluna 4 do quadro acima.

2) O reconhecimento APEDA deste laboratório é válido até à data.

Resultado: Amostra conforme às exigências de LMR da UE

1) Os resultados dos testes referem-se apenas à(s) amostra(s) testada(s).

2) O certificado de ensaio, no todo ou em parte, não pode ser reproduzido sem autorização escrita do laboratório.

ESPECTROS GC-MS DA AMOSTRA SEM SEMENTES DE SHARAD

Amostra						**Clorpirifos Método**	**Resultados do clorpirifos**			
Nome	**Ficheiro de dados**	**Tipo**	**Nível**	**Data de aquisição Data. Hora**	**Frasco**	**Exp. Conc.**	**RT**	**Resp.**	**Calc. Conc.**	**Final**
20140303-CC_1	20140303-CC_1.D	Cal	1	03/03/2014 11:46:00 PM	71	10	11.869	109.5	10.35	10.35
20140303-CC_2	20140303-CC_2.D	Cal	2	03/04/2014 12:32:00 AM	72	20	11.857	199.6	19.1	19.1
20140303-CC_3	20140303-CC_3.D	Cal	3	03/04/2014 01:17:00 AM	73	50	11.857	538.7	52	52
20140303-CC_4	20140303-CC_4.D	Cal	4	03/04/2014 02:02:00 AM	74	100	11.857	986.3	95.45	95.45
20140303-CC_5	20140303-CC_5.D	Cal	5	03/04/2014 02:48:00 AM	75	200	11.853	2096	203.1	203.1
Sharad Seedlesh	5355-001.D	Amostra		03/04/2014 08:44:00 PM	65		11.857	3580	347.2	347.2

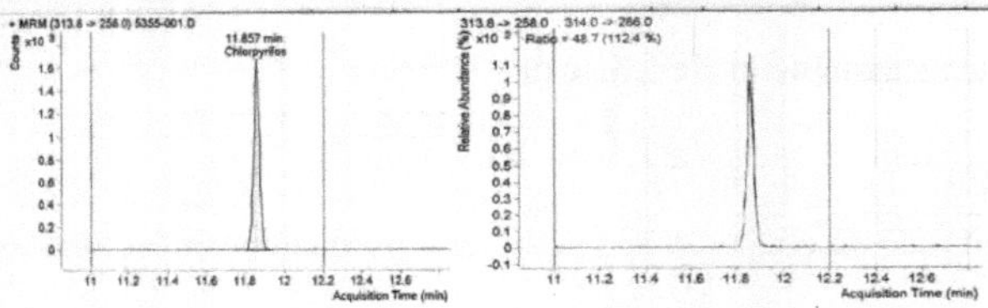
+ MRM (313.8 -> 258.0) 5355-001.D
11.857 min
Chlorpyrifos
Acquisition Time (min)
313.8 -> 258.0 314.0 -> 286.0
Ratio = 48.7 (112.4 %)
Relative Abundance (%)
Acquisition Time (min)

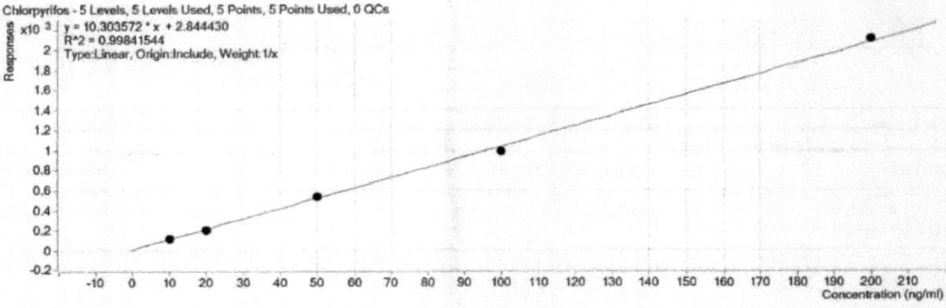
Chlorpyrifos - 5 Levels, 5 Levels Used, 5 Points, 5 Points Used, 0 QCs
y = 10.303572 * x + 2.844430
R^2 = 0.99841544
Type:Linear, Origin:Include, Weight:1/x
Responses
Concentration (ng/ml)

Acq. Time: 20:35 Method Name: N/A Workstation: LC-MSMS
Sample Name: MR-G-1 Printing Time: 4:29:38 PM
Acq. Date: Monday, February 03, 2014 Printing Date: Tuesday, February 04, 2014
Acq. File: Grapes Positive .wiff

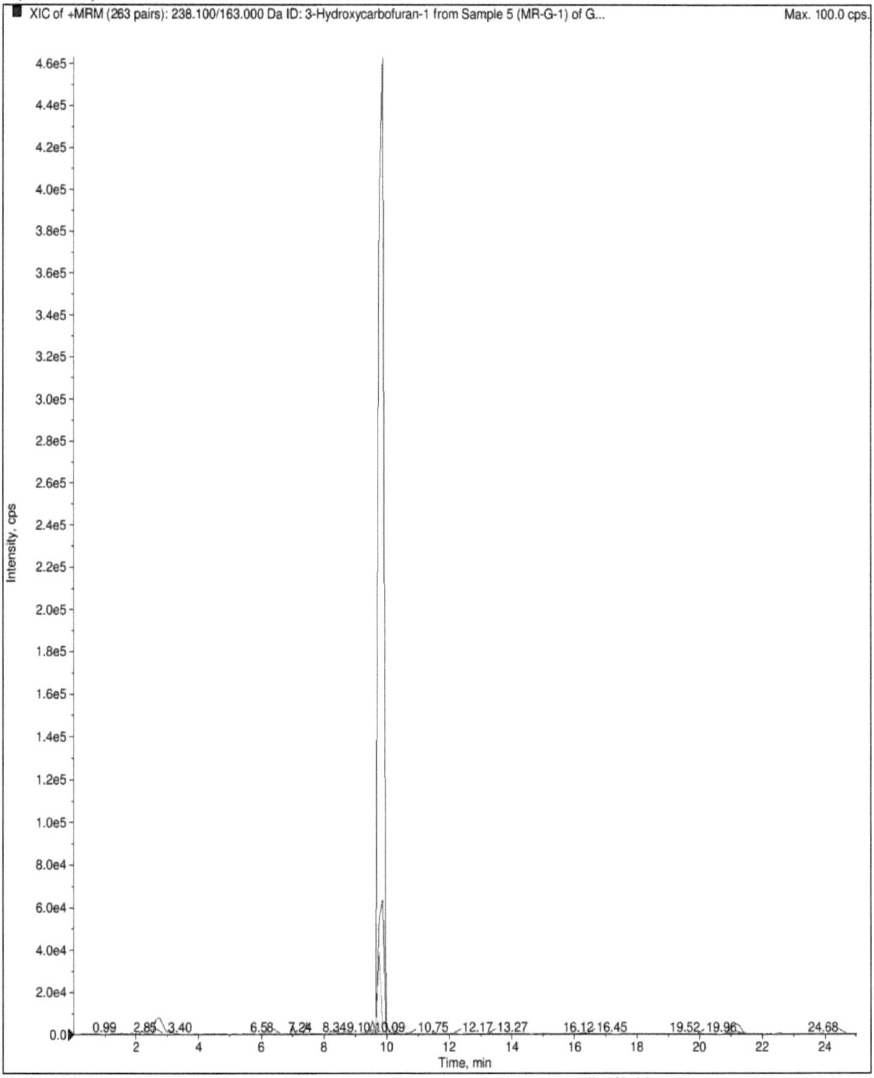

*Performed By *Verified By

Nome da amostra: Sharad SeedlessComprimento de onda : 254nm

Fase móvel: Acetonitrilo:Água (70:30)Volume da amostra: 20µl

Taxa de fluxo: 0.8ml/minPressão :9-10MPa

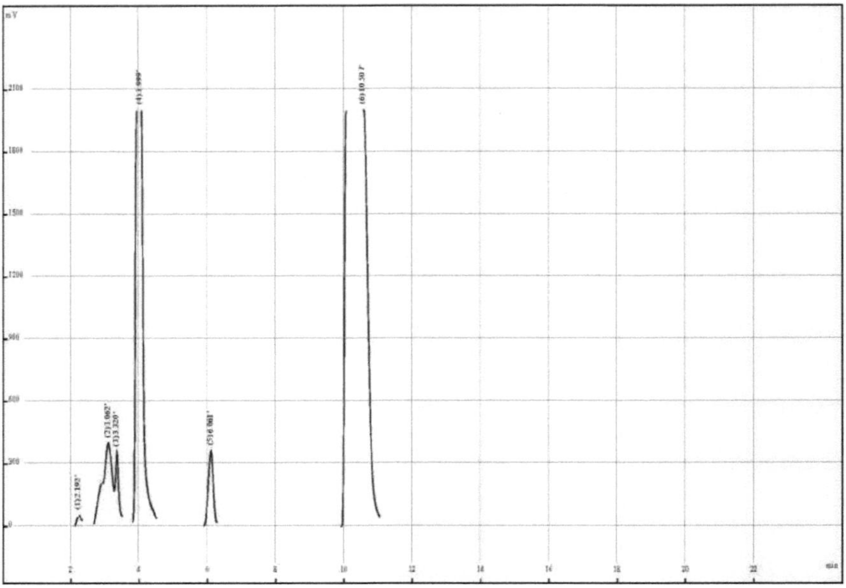

Classificação	Tempo	Conc.	Área	Pesticidas
1	2.192	0.5429	735617	-
2	3.062	6.0886	8249626	-
3	3.320	2.2372	3031171	-
4	3.999	23.6554	32051200	Tetraconazol
5	6.061	2.9297	3969534	-
6	10.507	64.5462	87454886	Triadimenol

CERTIFICADO DE ANÁLISE DE RESÍDUOS

Primeiro

Amostra

Relatório de ensaio n.º CG14-4550-001

1) Nome e endereço do agricultor	TAKATE DILIP GANGADHAR,-
2) Nome do exportador	Seven Star Fruits Pvt Ltd
3) Número de registo da exploração/lote	
4) Localização da exploração/lote	
5) Superfície da exploração/lote(s) abrangida(s) pelo presente relatório (em ha.)	MH06121457801
6) Produção total provável da exploração (em MT.)	-
abrangidos pelo presente relatório [calculados com base no Anexo-2 (para efeitos de superfície)	0.78
e Anexo-4(B)]	13
7) Nome da variedade de uva	
8) Detalhes da amostra	Thompson Seedless
3. Data de colheita da amostra	
4. Quantidade total da amostra (em kg)	19/02/2014
5. Quantidade de amostras de laboratório (em kg)	5
Embalagem	5
Código da amostra N.º.	Embalado de acordo com as instruções da APEDA
Procedimento de amostragem	SGS14ND016
9) Nome do representante de	
Laboratório autorizado que efectuou a extração	De acordo com o anexo (7) das diretrizes da APEDA
a amostra	Naresh Dangle
10) Data de extração da amostra	19/02/2014
11) Data de receção da amostra em	20/02/2014
Laboratório	22/02/2014
12) Data de conclusão da análise 13)	De acordo com o método validado e harmonizado por

Método de análise | Laboratório Nacional de Referência (NRL) NRCG

14) Outras informações | Pune

Relatório de ensaio n.º CG14-4550-001

Sl.No.	N.º Sr. de	Nome do pesticida	Teor de resíduos (mg/kg)		(LOQ) (mg/kg)	Equipamento Usado	LMR UE (mg/kg)
	Anexo 9		**Individual**	**Soma**			
1	127	Miclobutanil	**0.024**	**0.024**	0.01	LC-MS/MS	1

BLQ - Abaixo do limite de quantificação

*LMR-UE fixado como QLOQ (mg/kg) asper

http://ec.europa.eu/sanco_pesticides/public/index.cfm?event=substance.sele ction.

↑ Trata-se de produtos naturais. O LMR da UE não existe para estes produtos químicos. Portanto, seu LMR é definido no LOQ do método desenvolvido e validado no Laboratório Nacional de Referência do NRC para Uvas.

#Referência: Regulamento (CE) n.º 1881/2006 da Comissão, de 19 de dezembro de 2006. ^ REGULAMENTO (UE) N.º 777/2013 DA COMISSÃO de 12 de agosto de 2013.

! REGULAMENTO (UE) N.º 1138/2013 DA COMISSÃO de 8 de novembro de 2013.

Indica que estes parâmetros de ensaio não estão abrangidos pelo nosso âmbito de acreditação NABL.

Relatório de ensaio n.º CG14-4550-001Página 3

CERTIFICADO

1) Certifica-se que a amostra foi colhida pelo nosso representante autorizado na exploração agrícola com o número de registo MH06121457801 e foi analisada por nós. A amostra foi testada para o resíduo dos agroquímicos de acordo com o Anexo 9 do Plano de Monitorização de Resíduos para Uvas de Mesa

(http://www.apeda.gov.in/apedawebsite/Grapenet/annex92014.pdf) e o teor de resíduos na amostra é o indicado na coluna 4 do quadro acima apresentado.

2) O reconhecimento APEDA deste laboratório é válido até à data.

Resultado: Amostra conforme às exigências de LMR da UE

1. Os resultados dos testes referem-se apenas à(s) amostra(s) testada(s).

2. O certificado de ensaio, no todo ou em parte, não pode ser reproduzido sem autorização escrita do laboratório.

ESPECTROS GC-MS DA AMOSTRA SEM SEMENTES DE THOMPSON

Amostra						**L-Cialotrina-II Método**	**Resultados da L-cialotrina-II**			
Nome	**Ficheiro de dados**	**Tipo**	**Nível**	**Data de aquisição Data. Hora**	**Frasco**	**Exp. Conc.**	**RT**	**Resp.**	**Calc. Conc.**	**Final**
20140303-CC_1	20140303-CC_1.D	Cal	1	03/03/2014 11:46:00 PM	71	8.7	22.309	510.7	9.09	9.09
20140303-CC_2	20140303-CC_2.D	Cal	2	03/04/2014 12:32:00 AM	72	17.4	22.305	1021	17.53	17.53
20140303-CC_3	20140303-CC_3.D	Cal	3	03/04/2014 01:17:00 AM	73	43.5	22.305	2555	42.9	42.9
20140303-CC_4	20140303-CC_4.D	Cal	4	03/04/2014 02:02:00 AM	74	87	22.305	4819	80.35	80.35
20140303-CC_5	20140303-CC_5.D	Cal	5	03/04/2014 02:48:00 AM	75	174	22.305	10889	180.74	180.7
Thompson Seedless		Amostra		03/04/2014 08:44:00 PM	65		22.309	2370	39.83	39.83

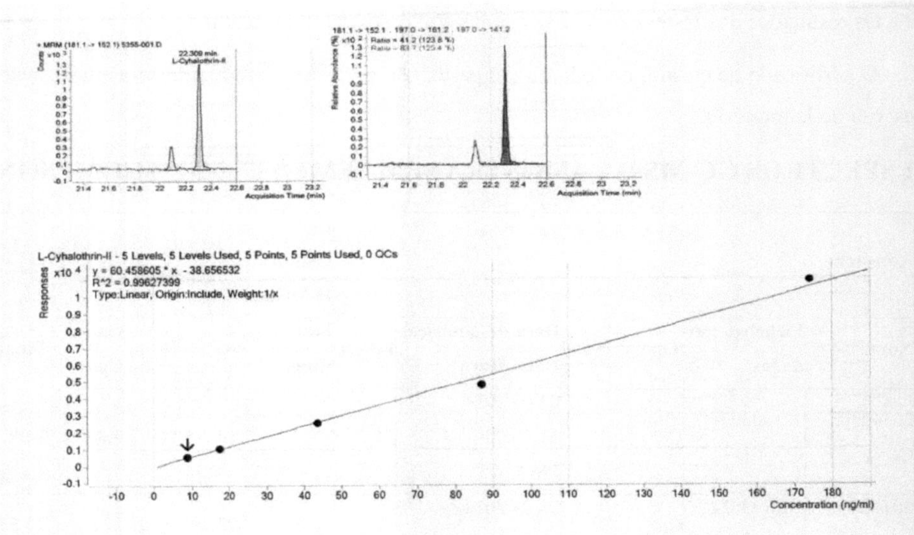
22.309 min
L-Cyhalothrin-II
Acquisition Time (min)
Relative Abundance (%)
L-Cyhalothrin-II - 5 Levels, 5 Levels Used, 5 Points, 5 Points Used, 0 QCs
y = 60.458605 * x - 38.656532
R^2 = 0.99627399
Type:Linear, Origin:Include, Weight:1/x
Responses
Concentration (ng/ml)

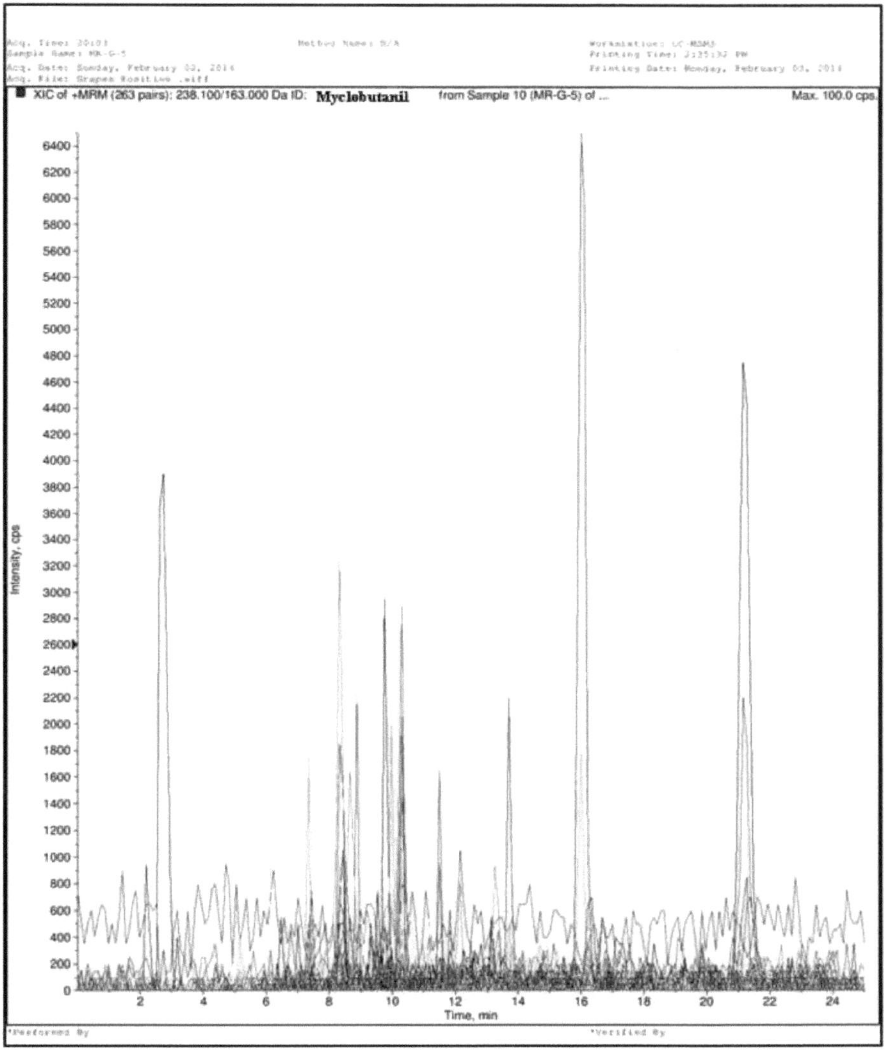

Nome da amostra: ThomsonComprimento de onda : 254nm

Fase móvel: Acetonitrilo:Água (70:30)Volume da amostra: 20µl

Taxa de fluxo: 0.8ml/minPressão :9-10Mpa

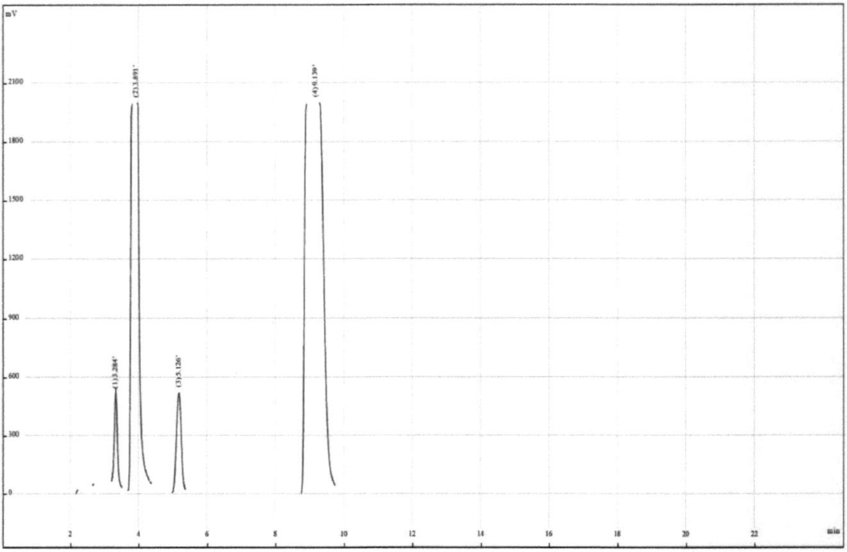

Classificação	Tempo	Conc.	Área	Pesticidas
1	3.284	4.1344	4900607	-
2	3.891	29.5810	35063200	L-cialotrina
3	5.126	4.8501	5748930	-
4	9.139	61.4345	72820102	Miclobutanil

RESULTADOS:-

Sr - Não	Variedade de amostras	Técnica utilizada	Pesticidas residuais	Conc. residual	Mol.wt
1	Chama sem sementes	GC-MS	L-cialotrina	39.83	449,850 gm/Mol
2	Chama sem sementes	LC-MS	Forqulofenurão-1	13.5	247,68gm/Mol
3	Chama sem sementes	HPLC	Clorpirifos	5.6165	350,59 gm/Mol
4	Sonaka	GC-MS	L-cialotrina	39.83	449,850gm/Mol
5	Sonaka	LC-MS	3 -Hidroxicarbof-urano-1	5.02	237,2518 gm/Mol
6	Sonaka	HPLC	1- Tetraconazol 2- Buprofezina-2	22.0762 68.1728	372,16 gm/Mol 305,44 gm/Mol
7	Tas-e Ganesh	GC-MS	Clorpirifos	347.2	350,59 gm/Mol
8	Tas-e Ganesh	LC-MS	Buprofezina-2	1.404	305,44 gm/Mol
9	Tas-e Ganesh	HPLC	1- Tetraconazol 2- Buprofezina-2	22.51 70.47	372,16 gm/Mol 305,44 gm/Mol
10	Sharad Sem sementes	GC-MS	Clorpirifos	347.2	350,59 gm/Mol
11	Sharad Sem sementes	LC-MS	3-Hidroxicarbofurano-1	4.605	237,2518 gm/Mol
12	Sharad Sem sementes	HPLC	1- Tetraconazol 2- Triadimenol	23.6554 64.5462	372,16mg/mol 295,76 gm/mol
13	Thompson Seedlees	GC-MS	L-cialotrina	39.83	449,850 gm/Mol
14	Thompson Seedlees	LC-MS	Miclobutanil	64.00	288,78 gm/mol
15	Thompson Seedlees	HPLC	1- L-cialotrina 2- Myclobutanil	29.5810 61.4345	449,850 gm/Mol 288,78 gm/mol

As amostras de uvas recolhidas em diferentes zonas apresentam resíduos diferentes. Verificou-se que alguns pesticidas são utilizados especificamente numa determinada zona para diferentes variedades de uvas, como o forclorofenurão-1, o hidroxicarbofurão-1, a L-cialotrina-2, a buprofezina-2, o clorpirifos, o tetraconazol, o miclobutanil e o triadimenol, pesticidas que são utilizados com mais frequência nas variedades de uvas observadas.

CONCLUSÃO

1) Concluiu-se que, durante o período de degradação, os pesticidas não se degradam. Por isso, nas amostras de uvas, observam-se os seguintes pesticidas O Forclorofenurão-1, o Hidroxicarbofurão-1, a L-Cialotrina-2, a Buprofezina-2, o Clorpirifos, o Tetraconazol, o Miclobutanil e o Triadimenol são os pesticidas mais utilizados nas variedades de uvas.

2) A concentração de pesticidas residuais é de 38,83 e 347,2 mg/kg, detectados por GC-MS, e de 4,605 a 64,00 mg/kg de pesticidas detectados por LC-MS e de 5,61 a 70,47 mg/kg por HPLC, o que está ligeiramente acima da escala de segurança.

3) De acordo com a segurança, a gama de resíduos de pesticidas é inferior a 1mg/kg. Se a concentração variar, será letal para a saúde humana e para o ambiente.

4) A concentração de todos os pesticidas como o Forclorofenurão-1, o Hidroxicarbofurão-1, a L-Cialotrina-2, a Buprofezina-2, o Clorpirifos,

O tetraconazol, o miclobutanil e o triadimenol, detectados por HPLC, estão dentro da gama de segurança, ou seja, entre 5 e 60,00 mg/kg de pesticidas, mas o pesticida buprofezina-2, triadimenol e miclobutanil apresenta uma concentração de 68,17 mg/kg, 64,54 mg/kg, 61,43 mg/kg e 1,053 mg/kg, que excede ligeiramente a gama e, por vezes, afecta partes não visadas.

RESUMO

Após a utilização da combinação das técnicas de HPLC, LC-MS e GC-MS para análise, foram identificados diferentes compostos. A identificação foi efectuada comparando os seus tempos de retenção com o padrão de referência de grau técnico. O forclorofenurão-1, o hidroxicarbofurão-1, a L-cialotrina-2, a buprofezina-2, o clorpirifos, o tetraconazol, o miclobutanil e o triadimenol foram detectados em todas as amostras com frequência, mas abaixo do limite; do mesmo modo, outros pesticidas foram detectados abaixo do intervalo, exceto a buprofezina-2, o triadimenol e o miclobutanil, que se situam ligeiramente acima do limite.

1) As técnicas cromatográficas, ou seja, GC-MS, LC-MS e HPLC, são atualmente utilizadas para a análise de amostras de uvas variadas, uma vez que os pesticidas residuais presentes na amostra foram identificados e quantificados com referência a um pesticida

padrão.

2) A concentração dos pesticidas presentes foi efectuada por comparação das áreas dos picos da amostra com as áreas dos picos do padrão, de acordo com o protocolo estabelecido.

3) Assim, a combinação dos três métodos acima descritos permitiu o rastreio rápido e fácil, tanto qualitativo como quantitativo, de pesticidas-alvo num curto espaço de tempo.

RISCO BIOLÓGICO

1) Foi demonstrado que, quando os frutos são pulverizados com pesticidas, podem ser causados efeitos nocivos para a saúde devido à injeção e absorção deste pesticida.

2) Alguns pesticidas são altamente tóxicos e, mesmo em quantidades muito pequenas, podem causar a morte de pessoas e animais, enquanto a exposição a uma quantidade suficiente de quase todos os pesticidas pode provocar doenças a longo prazo.

3) As estatísticas mostram um aumento de 70% no risco de desenvolver a doença de Parkinson em indivíduos expostos a níveis baixos de pesticidas.

4) Surgem problemas de saúde a longo prazo, como problemas respiratórios, de memória e dermatológicos. Sabe-se que a exposição a pesticidas está associada a cancro, depressão, deficiências neurológicas, abortos espontâneos e defeitos de nascença.

5) Dependendo da duração da exposição aos pesticidas, podem ocorrer efeitos adversos a curto prazo, agudos e crónicos para a saúde.

6) Os efeitos agudos para a saúde incluem ardor nos olhos, erupções cutâneas, bolhas, cegueira, náuseas, tonturas, diarreia e morte, enquanto os efeitos crónicos para a saúde incluem infertilidade, toxicidade para o desenvolvimento, imunotoxicidade e perturbação do sistema endócrino.

7) A via mais comum de entrada dos pesticidas no organismo é a oral, através da boca e do sistema digestivo, a dérmica, através da pele, ou a inalação, através do nariz e do sistema respiratório.

8) A exposição oral pode ocorrer em resultado de negligência, ingestão de alimentos sem higiene adequada após a utilização de pesticidas, exposição a fendas durante a mistura e consumo de alimentos que tenham sido pulverizados com um pesticida.

9) A extensão da exposição depende da toxicidade oral do material e da quantidade

consumida. A exposição cutânea é responsável por quase 90% da exposição dos utilizadores de pesticidas a pesticidas não fumigantes.

10) Isto pode ocorrer sempre que um pesticida é misturado, aplicado ou manuseado, e muitas vezes não é detectado.

11) Os materiais secos, as poeiras, os pós e grânulos molháveis, bem como os pesticidas líquidos, podem ser absorvidos através da pele.

12) A exposição por inalação resulta da inalação de vapores de pesticidas, poeiras ou partículas de pulverização.

13) Também pode ocorrer ao respirar o fumo de recipientes em chamas, ao inalar fumos de pesticidas durante a aplicação sem equipamento de proteção, ao inalar fumos durante a mistura e o derrame de pesticidas e ao fumar produtos do tabaco.

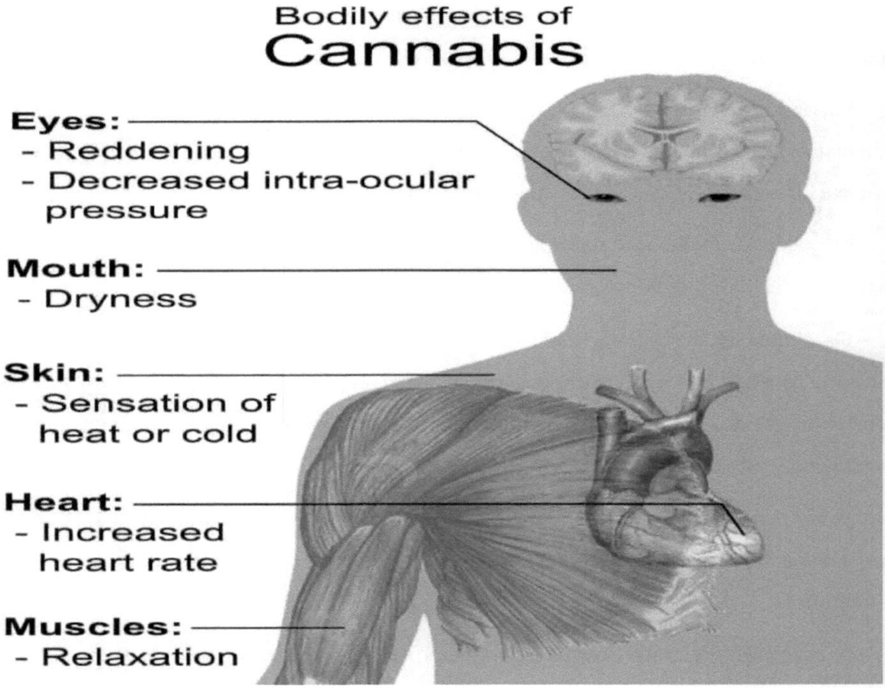

REFERÊNCIA

1) Papadopoulou-Mourkidou, E., 1991. Produtos agroquímicos aplicados após a colheita e seus resíduos

em frutos e produtos hortícolas frescos. I Asso. Chem., 74. 745-765. PMID: 1783584.

2) Ueno, E.H. Oshima, I. Saito, H. Matsumoto e Y. Yoshimura et al., 2004. Multiresidue analysis of pesticides in vegetables and fruits by GC-MS after GPC and graphitized carbon column cleanup (Análise multiresíduos de pesticidas em legumes e frutas por GC-MS após limpeza com GPC e coluna de carbono grafitado). J. AOAC lint., 87: 1003-1015.

3) Método multiresíduos para a análise de pesticidas por GC/GC-MS,2007,Journal of chromatography A,1173, 98-109 chapter

4) Controlo de resíduos de pesticidas na romã exportável, por V.S.Kolekar, P.N.Raut, S.C.Utture

5) Steven, J., A.D. Lahotay, K.M. Hiemstra e P.V. Bodegraven, 2005. Validação de um método rápido e fácil para a determinação de resíduos de 229 pesticidas em frutos e produtos hortícolas por cromatografia gasosa e líquida e deteção por espetrometria de massa.

IAOAC Int.,88: 595-614.

6) Walz-Tylla,Determinação de resíduos em frutos,Itália,1999,99-127.

7) Análise de resíduos de pesticidas em frutos e produtos hortícolas, por Tahir Anwar.

8) Estratégias para a análise de pesticidas em frutos por MargarataStoytcheva,Journal of chromatography,2009,41-75.

9) Krause, R.T. e E.M. August, 1983. Aplicação do método multiresíduos md HPLC para a determinação de quinometionato em maçãs e laranja. J. AOAC., 66: 1018- 1022.

PMID:6885686.

10) Determinação de pesticidas em frutas e legumes utilizando extração com acetonitrilo e GC/MS por ZaibHussain, SamiaSiddique, Lahore, Journal of Scientific research, vol-xxxx no - 2, Dez, 2010.

11) Alemanha, Limites máximos de resíduos de acordo com a legislação alemã, http;//www.kennzeichnungsrecht.de/english/mrlsearch.htm,accessed em 30th abril de 2007.

12) Tuinstra, L.G.M.T., A.H. Roos, A.M. Matser, W.A. Traag e J.A. Rhijn, 1991. Desenvolvimento de um método multiresíduos/multi-matriz para a análise de pesticidas em produtos agrícolas. J. Chromotogr., 339: 384-386. DOI: 10.1007/BF00322353.

13) BenerjeeK,Upadhyay A K,Adsule P G,PatilS,H,Oulkar D P,Jadhav D R,Food Addit, Contam. 23, 994-999, (2006)

14) Análise simultânea de glifosfato em vegetais e frutos por GC, jornal da sociedade de higiene alimentar do Japão, 45, 2004, 38-43.

15) Pesticide residue analysis of fruits andvegetables,Journal of environment chemistry and ecotoxicology,22nd jan,2012,vol-4,19-28.

16) Dasika R., Tingirala S., e Naishadham P., 2012. Análise de resíduos de pesticidas em frutos e produtos

hortícolas. I Química ambiental e ecotoxicologia Vol. 4(2): 19- 28. DOT 10.5897/JECE11.072. 26

17) Análise acelerada da deteção de pesticidas em vegetais por GC/MS, LC, Sulizhao, Andy zhai, 4/2, 2002.

18) Parantham, R., A. Sudha e S. Kumaravel, 2012. Determinação de resíduos de pesticidas em Banana utilizando HPLC e GC-MS. Revista americana de bioquímica e biotecnologia 80):1-6.

19) Preparação de amostras na análise de pesticidas em alimentos por técnica cromatográfica, Gaur Haut Tan, MeeKinchu, Malásia.

20) Aplicação de GC-MS/MS para a análise de resíduos de pesticidas em romãs, Deepa. G.Ketagoudar.

21) http://en.wikipedia.org/wiki/pesticide

22) http://www.thefreelibrary.com/pesticide+Análise+Visão Geral+Método.

23) http://www.epa.gov/opp00001/about/types.htm

24) http://earth911.com/hazardous/pesticides/different-type-of-pesticides

25) http://www.agf.gov.bc.ca/pesticides/a_3.htm

26) http://www.cseindia.org/html/lab/health_pest.htm

27) A.R.Fernandez-Alba, A.Aguera, Pesticides in food, bioanalchem(2007)389;1661.

28) Cook, J., M.P. Beckett, B. Reliford, W. Hammock e M. Engel, 1999. Multiresidue analysis of pesticide in fresh fruits and vegetables using procedure developed by florida department agriculture and consumer services. J. AOAC, 82: 1491-1435.

29) Mae Grace Nillos, Gabrrila Rodriguez-Fuentes, Jay Gan e DannielSchlenk, Inibição enantioselectiva da acetilcolinesterase dos insecticidas organofosforados profenofos, fonofos e crotoxifos, Environmental Toxicology and Chemistry, 26, 2007, 1949-1954.

30) APEDA(2006a), Regulation of export of fresh grapes from India through monitoring of pesticide residues, Amendments in grape RMP -2007, Amendment-5 (Revised Annexure -7&11), http://www.apeda.com, dated 7th Feb 2007, accessed on 30th September 2007.4

31) APEDA Regulation of export of fresh grapes from India through monitoring of pesticide residues, Annexure 1: circular No.91-4/95 PQD dated 29th Feb 2000, http://www.apeda.com/apeda/GRAPES05/RMPGrapes200717oct063.pdf. (2006b)

32) Lehotay S J, de Kok A, Bodegraven P, J. AOAC Int. 88, 595-614, (2005).

33) Luke M, Froberg J E, Masumoto H T, J. Assoc. Off. Anal.Chem. 58, 1020-1026, (1975).

34) AOAC Official method 985, Official method of Analysis (2000) 17th ed. AOAC international, Gaithersburg, MD, p.22.(2000)

35) Mol H G J, Rooseboom A, van Dam R, Roding M, Arondeus K, Sunarto S, Anal. Bioanal. Chem. 389, 1715-1754, (2007)

36) Andersson A, Palshleden H, Fresenius J. Anal. Chem. 339, 365-367, (1991)

37) Coulston, F., e F. Korte, 1975. Environmental Quality and Safety: Supplement. r edtrz., Thieme, New York, ISBN: 0122270622.

CAPÍTULO - 3

Desenvolvimento de um método para a determinação de resíduos de pesticidas em malaguetas e joaninhas por HPLC e GC-MS

INTRODUÇÃO

O chilly e a ladyfinger são os legumes mais consumidos no mercado indiano. Estes legumes têm um sabor agradável. É um dos componentes mais importantes da dieta humana em diferentes países, onde é utilizado tanto na sua forma crua como na forma caseira. A malagueta deve ser considerada como uma boa fonte de sabor natural para os alimentos. Existem muitas variáveis que influenciam a composição química do chilly e da ladyfinger, como os métodos de cultivo, os fertilizantes e pesticidas utilizados, a qualidade da água para irrigação ou as condições de armazenamento e comercialização. Os organofosforados e os carbamatos são pesticidas sistémicos, amplamente utilizados na agricultura para o tratamento pré e pós-colheita, para o controlo de uma vasta gama de frutos e legumes. Os métodos de análise simultânea e consecutiva de resíduos de pesticidas num grande número de amostras de alimentos utilizando extração com acetonitrilo, seguida de cromatografia de permeação em gel (GPC) e limpeza com coluna de mini-cartucho e, em seguida, GC de coluna dupla equipada com ECD foram investigados por (Ueno *et al.*, 2004). No presente trabalho, foi utilizada uma metodologia cromatográfica para identificar resíduos de pesticidas em diferentes amostras de malagueta e de dedo-de-moça produzidas em Nashik (Maharashtra). Foram recolhidas três amostras de cada amostra do campo de Dindori, Satana e Wani, localizadas em Nashik, Maharashtra, Índia, que foram analisadas no nosso laboratório. A determinação simultânea de resíduos de Endosulfan, Carbendazim e Cloropirifos foi efectuada por HPLC-UV e GC-MS.

Um pesticida é uma substância ou mistura de substâncias utilizada para matar uma praga. Um pesticida é qualquer substância ou mistura de substâncias destinada a prevenir, destruir, repelir ou mitigar qualquer praga. Um pesticida pode ser uma substância química, um agente biológico (como um vírus ou uma bactéria), um antimicrobiano, um desinfetante ou um dispositivo utilizado contra qualquer praga. Os parasitas incluem insectos, agentes patogénicos das plantas, ervas daninhas, moluscos, nemátodos dos peixes (lombrigas), micróbios e pessoas que destroem propriedades, propagam ou são vectores de doenças ou causam incómodos. Embora a utilização de pesticidas tenha vantagens, existem também inconvenientes, como a potencial toxicidade para os seres humanos e outros animais.

A utilização excessiva e indiscriminada de pesticidas não só aumenta o custo de produção, como também resulta em muitos problemas de saúde humana e poluição ambiental. De acordo com as estimativas da OMS, todos os anos ocorrem um milhão de casos de envenenamento por pesticidas e, consequentemente, 20 000 mortes a nível mundial (Nasir, 1999). A perturbação ecológica mais prejudicial da utilização imprudente de pesticidas é a existência de uma elevada concentração de resíduos de pesticidas na cadeia alimentar, incluindo cereais, leguminosas, produtos hortícolas, frutos, leite e produtos à base de frutos e água.

A Índia é o segundo maior produtor de produtos hortícolas do mundo, logo a seguir à China, com uma produção anual estimada em cerca de 73 milhões de hectares, com um rendimento médio de 11,3 toneladas por hectare. A Índia partilha cerca de 13% da produção mundial de produtos hortícolas de cerca de 2% da área cultivada no país. As culturas de frutas e produtos hortícolas recebem uma quantidade consideravelmente elevada de pesticidas e, com uma área cultivada de 3%, consomem 13% do total de pesticidas no país (Nigam e Murthy, 2000). O efeito da utilização de pesticidas químicos é mais prejudicial nos produtos hortícolas. Estes problemas tornaram necessária a procura de métodos mais seguros e eficazes de controlo de pragas, incluindo pesticidas comportamentais (utilização de atractivos, por exemplo, armadilhas com feromonas), de biocontrolo e botânicos. A sua utilização, no entanto, tem limitações e o controlo químico continua a ser a estratégia preferida na prática. O objetivo deste trabalho foi determinar os resíduos de pesticidas em diferentes produtos hortícolas, nomeadamente pimentos e joaninhas.

Os pesticidas constituem as principais tácticas de controlo para a gestão de pragas e doenças e a produtividade das culturas depende do seu controlo eficaz. Juntamente com as variedades de culturas de elevado rendimento e os fertilizantes, os pesticidas ajudaram os agricultores indianos a obter um aumento substancial da produtividade agrícola (Birthalet *al.*, 2000). A área sob proteção fitossanitária tem vindo a aumentar continuamente na Índia. O consumo médio de pesticidas por hectare na agricultura indiana era de apenas 1,2 gha^{-1} em 1953-54; aumentou para 377 gha^{-1} em 1985-86 e para 431 gha^{-1} em 1992-93. No entanto, a partir daí, o consumo de fertilizantes diminuiu gradualmente para 288 gha^{-1} em 1999-2000 (Agnihotri, 2000). De acordo com uma estimativa, cada rupia investida no controlo químico de pragas rende 3 rupias em colheitas poupadas (NCAER, 1967), enquanto que, de acordo com outra estimativa, uma rupia gasta no controlo químico de pragas pode render 7 a 26 rupias, gerindo enormes perdas em culturas como o algodão, o arroz, a cana-de-açúcar, o girassol, a mostarda, os produtos hortícolas e o amendoim (Bakhetia e Udean,

1998).

A Índia é o segundo maior produtor de produtos hortícolas do mundo, logo a seguir à China, com uma produção anual estimada em cerca de 73 milhões de toneladas, numa área de cerca de 4,5 milhões de hectares, com um rendimento médio de 11,3 toneladas por hectare. A Índia partilha cerca de 13% da produção mundial de produtos hortícolas de cerca de 2% da área cultivada no país. As culturas de frutas e produtos hortícolas recebem uma quantidade consideravelmente elevada de pesticidas e, com uma área cultivada de 3%, consomem 13% do total de pesticidas no país (Nigam e Murthy, 2000). O efeito da utilização de pesticidas químicos é mais prejudicial nos produtos hortícolas. Estes problemas tornaram necessária a procura de métodos mais seguros e eficazes de controlo de pragas, incluindo métodos comportamentais (utilização de atractivos, por exemplo, armadilhas de feromonas), de biocontrolo e pesticidas botânicos. No entanto, a sua utilização tem limitações e o controlo químico continua a ser a estratégia preferida na prática.

Tipos de pesticidas

A) Pesticidas químicos

1) Pesticidas organofosforados - Estes pesticidas afectam o sistema nervoso ao perturbar a enzima que regula a acetilcolina, um neurotransmissor. A maioria dos organofosforados são insecticidas, por exemplo, o malatião e o triclorfão.

2) Pesticidas carbamatos - Afectam o sistema nervoso ao contestar uma enzima que regula a acetilcolina, um neurotransmissor, um inseticida ativo que é amplamente utilizado para controlar as pragas de insectos em produtos armazenados, por exemplo, o mancozebe.

3) Inseticidas organoclorados - Comumente utilizados no passado, mas muitos foram retirados do mercado devido aos seus efeitos na saúde e no ambiente e à sua persistência (por exemplo, DDT e clordano).

4) Pesticidas piretróides - Foram desenvolvidos como uma versão sintética do pesticida natural piretrina, que se encontra nos crisântemos. Alguns piretróides sintéticos são tóxicos para o sistema nervoso.

B) Biopesticidas

Os biopesticidas são certos tipos de pesticidas derivados de materiais naturais como animais, plantas, bactérias e certos minerais. Por exemplo, o óleo de canola e o bicarbonato de sódio têm aplicações pesticidas e são considerados biopesticidas. Os biopesticidas dividem-se em duas classes principais:

1) Pesticidas microbianos - Consistem num micro-organismo (por exemplo, uma bactéria, um fungo, um vírus ou um protozoário) como ingrediente ativo.

2) Os protectores incorporados nas plantas (PIPs) são substâncias pesticidas que as plantas produzem a partir de material genético que foi adicionado à planta. Por exemplo, os cientistas podem pegar no gene da proteína pesticida Bt e introduzi-lo no material genético da própria planta. Então a planta, em vez da bactéria Bt, fabrica a substância que destrói a praga. A proteína e o seu material genético, mas não a planta em si, são regulados pela EPA.

ESTUDO BIBLIOGRÁFICO

Para obter bons resultados e um melhor caminho para a realização deste trabalho, recorri a vários trabalhos de literatura e investigação.

Infelizmente, nem todos os formadores seguem as práticas legais, devido ao enorme número de pesticidas e de culturas em produção, e existem vários métodos analíticos concebidos para determinar resíduos de pesticidas múltiplos (Food and Drug Administration, 1999; Luke *et al.*, 1975; Specht e Tilkes, 1980; Lee *et al.*, 1991; Andersson e palsheden, 1991; Cook *et al.*,1999; General Inspectorate for Health Protection, 1996; Fillionet *al.,* 2000; Sheridan e Meola, 1999; Lehotay, 2000). Em 2003, foi introduzido o método QuEchERS para a análise de resíduos de pesticidas, Anastassiadeset *al.* (2003), que fornece resultados de elevada qualidade numa abordagem rápida, fácil e pouco dispendiosa. Estudos de acompanhamento validaram ainda mais o método para mais de 200 pesticidas (Lahotayet *al.,* 2007).

A evolução técnica segue sempre o caminho do primitivo para o simples, passando pelo complicado. As técnicas mais comuns na análise moderna de pesticidas alvo multirresíduos são a cromatografia em fase gasosa e a cromatografia líquida associada a analisadores de massa de quadripolar triplo. Os numerosos métodos disponíveis para a análise de pesticidas mostram a importância desta aplicação e o ritmo acelerado da evolução da química analítica. Por exemplo, aguareaet *al.,* (2000) descreveram um método (injeção GC-MS de grande volume sem divisão para a análise de pesticidas organofosforados e organoclorados em produtos hortícolas utilizando uma extração miniaturizada de acetato de etilo) para a medição de apenas 10 pesticidas organofosforados e organoclorados por GC-MS, mas na última década o número de pesticidas normalmente incluídos nos métodos aumentou drasticamente. As técnicas de preparação de amostras também avançaram para complementar as técnicas analíticas, dependendo dos tipos de analitos e matrizes monitorizados.

Anastassiadeset al.,(2003) descreveram o método "rápido, fácil, barato, eficaz, robusto, com baixo consumo de solventes, com uma vasta gama de pesticidas (compostos polares, dependentes do pH) e seguro" (QuEchERS) para resíduos de pesticidas nos alimentos como um exemplo de um método que tira partido das poderosas caraterísticas de seletividade quase universal e da elevada sensibilidade dos modernos instrumentos de GC e LC. A abordagem QuEchERS foi amplamente validada para centenas de resíduos de pesticidas em muitos tipos de alimentos e tornou-se o método oficial 2007.01 da Association of Analytical Communities (AOAC) (Lehotayet *al., 2007*) e CEN (2008). O método QuEchERS tem várias vantagens sobre a maioria dos métodos tradicionais de análise. Obtêm-se recuperações elevadas (superiores a 85%) para uma vasta gama de pesticidas de polaridade e volatilidade, incluindo analitos notoriamente difíceis. Muito robusto porque a limpeza do extrato é feita para remover os ácidos orgânicos.

Uma revisão crítica da literatura mostrou que foram utilizados diferentes solventes, como o n-hexano, o éter de petróleo, o cloreto de metilo e a acetona ou o acetato de etilo, para a extração de resíduos de pesticidas dos frutos (Coulston e Korte, 1975). Muitos trabalhadores utilizaram acetonitrilo para a extração de pesticidas de frutos em vez de cloreto de metileno, que é perigoso para o ambiente (Cook *et al.*, 1999; Krause e August, 1983)

MATERIAIS E MÉTODOS

Amostragem: Foram colhidas amostras frescas de malagueta e de joaninha no mercado e no campo. Para a análise dos resíduos de pesticidas, foram colhidas três amostras diferentes de cada legume, provenientes de diferentes mercados, e a sua deteção e quantificação por diferentes técnicas analíticas são as principais etapas da análise dos resíduos de pesticidas.

As amostras foram recolhidas na zona de campo local, como Dindori, Wani e Satana.

As amostras são classificadas da seguinte forma, de acordo com a sua área de cultivo.

	Frio	**Ladyfinger**
Amostra n.º 1	Satana	Wani
Amostra n.º 2	Wani	Dindori
Amostra n.º 3	Dindori	Satana

Análise por HPLC

Uma revisão crítica da literatura mostrou que foram utilizados diferentes solventes, como o n-hexano, o éter de petróleo, o cloreto de metilo e a acetona ou o acetato de etilo, para a extração de resíduos de pesticidas dos frutos (Coulston e Korte, 1975). Muitos trabalhadores utilizaram acetonitrilo para a extração de pesticidas de frutos em vez de cloreto de metileno, que é perigoso para o ambiente (Cook *et al.*, 1999; Krause e August, 1983). No presente estudo, para a extração de resíduos de pesticidas de amostras de piri-piri e de joaninha, seguiu-se o método de *et al.* com pequenas modificações.

INFORMAÇÕES SOBRE O INSTRUMENTO

Sistema Modelo n.: Sistema de gradiente binário para HPLC

Empresa Coluna do: Série 3000

detetor

: Analytical Technologies Ltd.

: UV

: C18 (4,6ID x 250mm)

OS PARÂMETROS MANTIDOS DURANTE A EXPERIÊNCIA SÃO OS SEGUINTES:

- Fase móvel : Acetonitrilo: Água (70:30) (Grau HPLC)
- Caudal : 0,8 ml/min
- Comprimento de onda do detetor : 254nm
- Volume de injeção : 20µl
- Pressão : 6-7 MPa
- Os nomes das amostras são mencionados em cada espetro respetivo.
- Como as amostras foram extraídas com acetonitrilo, as amostras foram injectadas tal como estão, sem quaisquer diluições.

PREPARAÇÃO DE AMOSTRAS

Homogeneizar 25 g de amostra picada com 50 mL de acetonitrilo. Adicionar 5,0 g de cloreto de sódio. Homogeneizar 5 min. Transferir ~13 mL da camada de acetonitrilo (superior) para um tubo de centrifugação graduado de 15 mL. Adicionar ~1,5 g de sulfato de sódio (nível do líquido até à marca de 15 mL), tapar e agitar bem para remover a água. Centrifugar a alta velocidade durante 5 min. Transferir uma alíquota de 10 mL para um tubo limpo de 15 mL. Eluir os pesticidas com 20 ml de acetonitrilo/tolueno (3:1). Utilizando um evaporador rotativo, concentrar a amostra para ~2 mL. Adicionar 2 mL de acetona, concentrando o material a ~2mL após cada adição, para efetuar uma troca de solvente para acetona. Transferir quantitativamente para um tubo limpo de 15 mL.

Condições de HPLC: Para a identificação e quantificação dos pesticidas, foi utilizada uma cromatografia líquida de alta eficiência da série 3000 da Analytical Instrument com detetor de UV. A separação foi efectuada em Luna C18 Colum. As amostras foram injectadas manualmente através de um injetor Rheodyne. O detetor foi ligado ao computador para o processamento dos dados. A condição de trabalho da HPLC foi o gradiente binário, a fase móvel foi acetonitrilo: água (70:30), o caudal foi de 0,8 mL min-1, o volume de injeção foi de 20 µL e o comprimento de onda do detetor UV/visível foi fixado em 254 nm para a análise residual dos pesticidas.

Nome da amostra : Chilly Sample 01Comprimento de onda : 254nm

Fase móvel : Acetonitrilo: Água (70:30) Volume de injeção : 20µl

Caudal : 0, 8ml/minPressão : 6-7 MPa

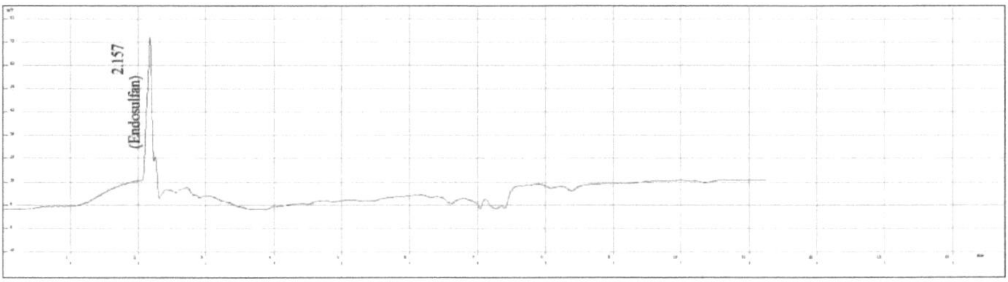

TempoConc .(mg/kg) Área

2.1570 . 4879829

Endosulfan

Nome da amostra : Amostra Chilly 02Comprimento de onda : 254nm

Fase móvel : Acetonitrilo: Água (70:30) Volume de injeção : 20µl

Taxa de fluxo : 0.8ml/minPressão : 6-7 MPa

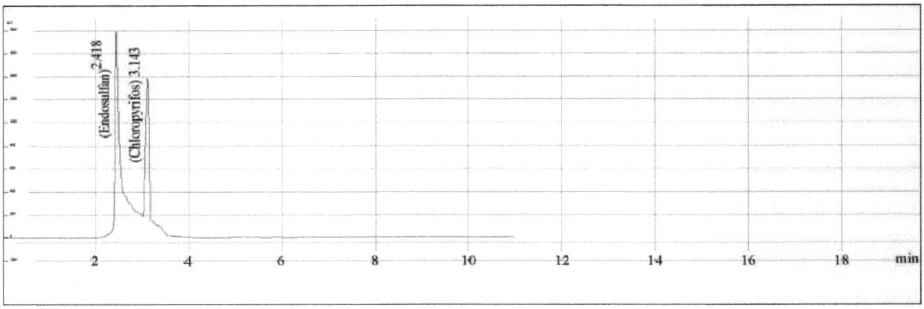

TempoConc .(mg/kg) Área

2.4180 .09164392

3.1430 . 0829786

Endosulfa, Cloropirifos

Nome da amostra : Amostra Chilly 03Comprimento de onda : 254nm

Fase móvel : Acetonitrilo: Água (70:30) Volume de injeção : 20µl

Caudal : 0,8 ml/minPressão : 6-7 MPa

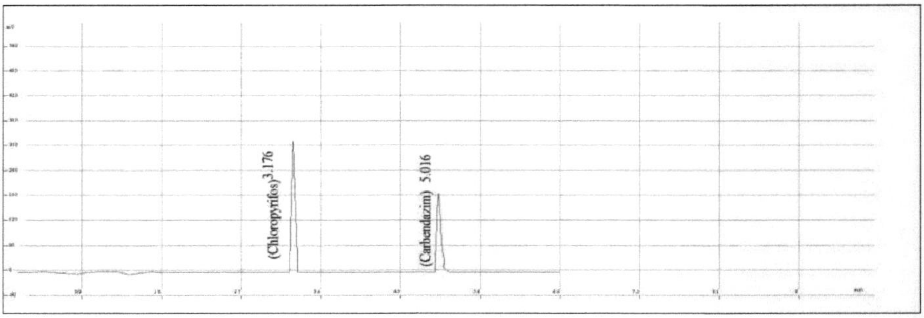

Tempo Conc.(mg/kg) Área

3.1700 . 0032235

5.0160 . 7913377

Cloropirifos, Carbendazime.

Nome da amostra :Ladyfinger Amostra 01Comprimento de onda : 254nm

Fase móvel : Acetonitrilo: Água (70:30) Volume de injeção : 20µl

Caudal : 0, 8ml/minPressão : 6-7 MPa

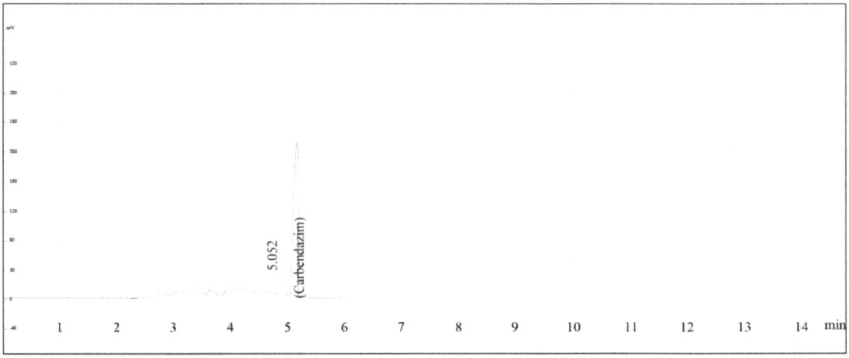

TempoConc .(mg/kg) Área

5.0520 . 610105

Carbendazim

Nome da amostra : Ladyfinger Amostra2Comprimento de onda : 254nm

Fase móvel : Acetonitrilo: Água (70:30) Volume de injeção : 20µl

Caudal :0, 8ml/minPressão : 6-7 MPa

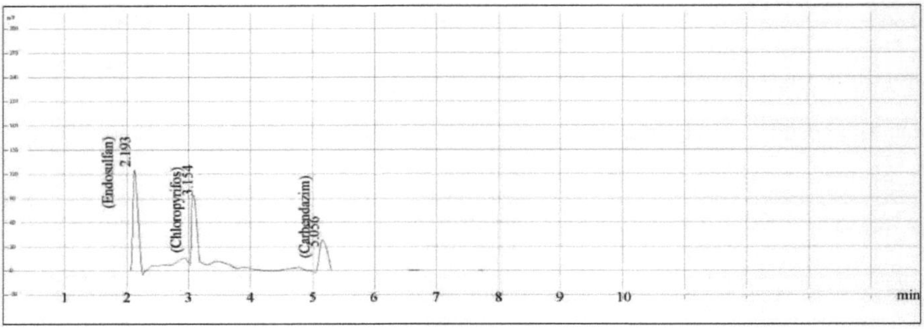

Tempo	Conc.(mg/kg)	Área
2.193	0.501	882983
3.154	0.160	123306
5.056	0.074	13252

Endosulfan, Cloropirifos, Carbendazim.

Nome da amostra	: Ladyfinger Amostra 3	Comprimento de onda	: 254nm
Fase móvel	: Acetonitrilo: Água (70:30)	Volume de injeção	: 20µl
Caudal	: 0,8 ml/min	Pressão	: 6-7 MPa

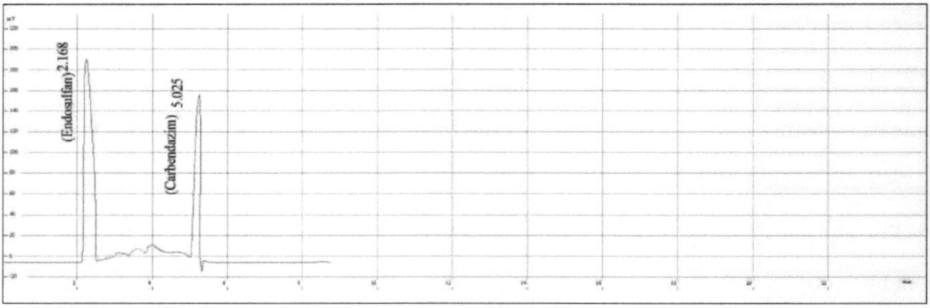

Tempo	Conc.(mg/kg)	Área
2.1680	.9521679033	
5.0250	.03613320	

Endosulfan, Carbendazim.

Análise GC-MS

Preparação da amostra: Homogeneizar 25 g de amostra picada com 50 mL de acetonitrilo. Adicionar 5,0 g de cloreto de sódio. Homogeneizar 5 min. Transferir ~13 mL da camada de acetonitrilo (superior) para um tubo de centrifugação graduado de 15 mL. Adicionar ~1,5 g de sulfato de sódio (nível do líquido até à marca de 15 mL), tapar e agitar bem para remover a água. Centrifugar a alta velocidade durante 5 min. Transferir uma alíquota de 10 mL para um tubo limpo de 15 mL. Eluir os pesticidas com 20 ml de acetonitrilo/tolueno (3:1). Utilizando um evaporador rotativo, concentrar a amostra para ~2 mL. Adicionar 2 mL de acetona, concentrando o material a ~2mL após cada adição, para efetuar uma troca de solvente para acetona. Transferir quantitativamente para um tubo limpo de 15 mL.

INFORMAÇÕES SOBRE O INSTRUMENTO:

Sistema : Cromatógrafo de gás

Modelo no. : GC 2012

Empresa : AnalyticalTechnologiesLtd.Germany

Detetor : FID

Coluna Coluna CarbowaxPacked (SS2metros)

OS PARÂMETROS MANTIDOS DURANTE A EXPERIÊNCIA SÃO OS SEGUINTES:

- Fase móvel Nitrogénio Gás (pressão 3 kg/cm)^2
- Detetor : HidrogénioGás (Pressão 3 kg/cm)^2

: Ar (pressão 3 kg/cm)^2

- Temperatura : Injector100° C

: Forno110 C-110 C°°

: Detector100° C

- Volume de injeção : 1,0 µl

frio Amostra 01

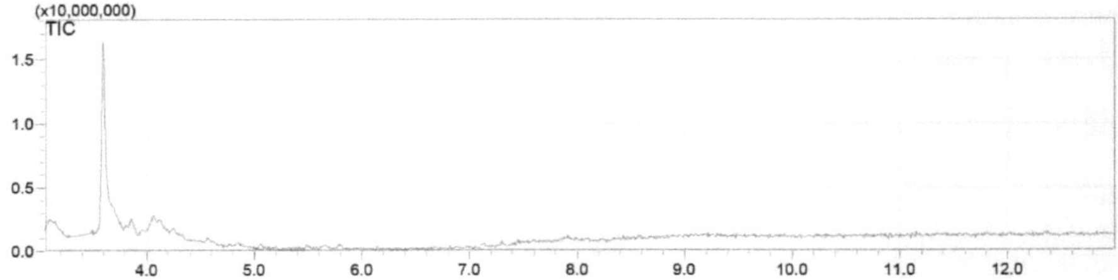

Pico 01

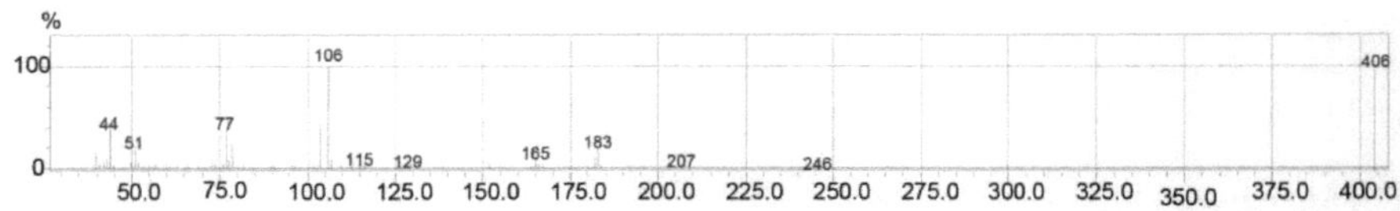

Endossulfão: - mol. Wt. 406

Amostra fria 02

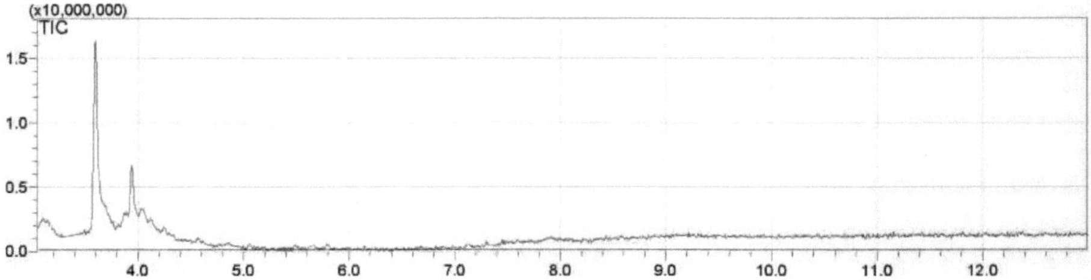

Pico 01

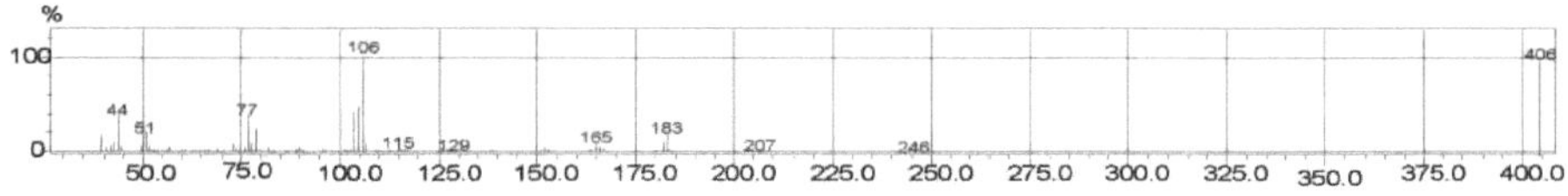

Endossulfão: - peso molar 406

Pico 02

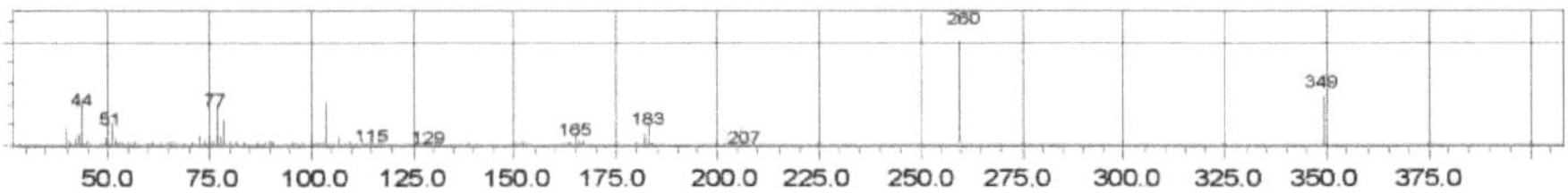

Cloropirifos: - mol. Wt. 349

Amostra de frio 03

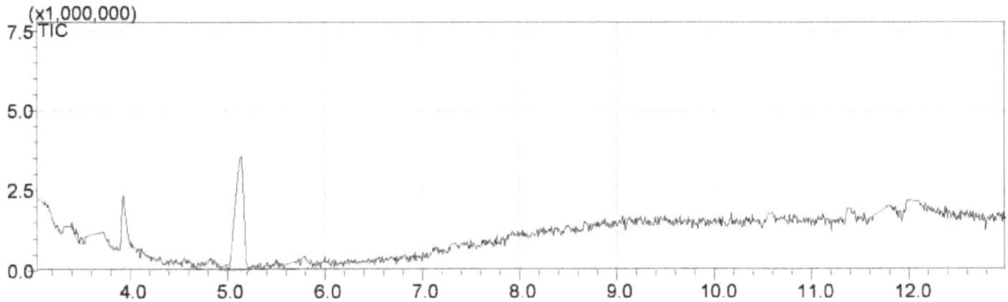

Pico 01

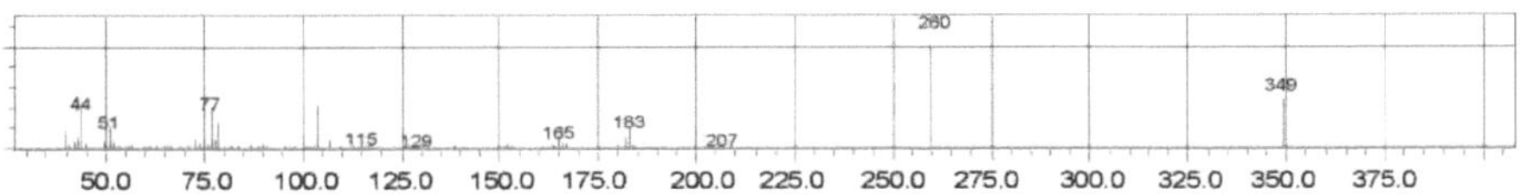

Cloropirifos: - mol. Wt. 349

Pico 02

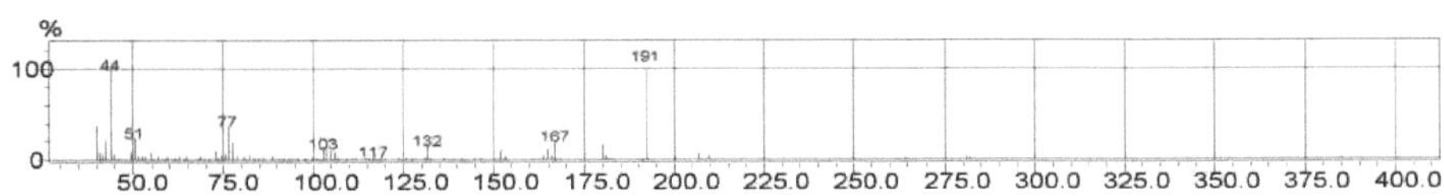

Carbendazime: - mol. wt. 191

Ladyfinger amostra 01

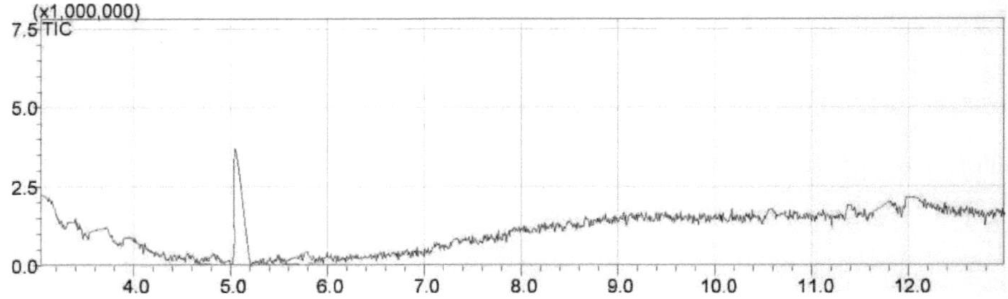

Pico1

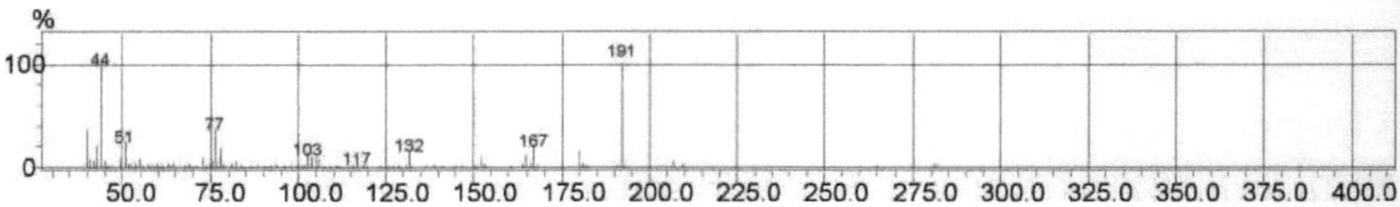

Carbendazim: - mol. Wt. 191

Ladyfinger amostra 02

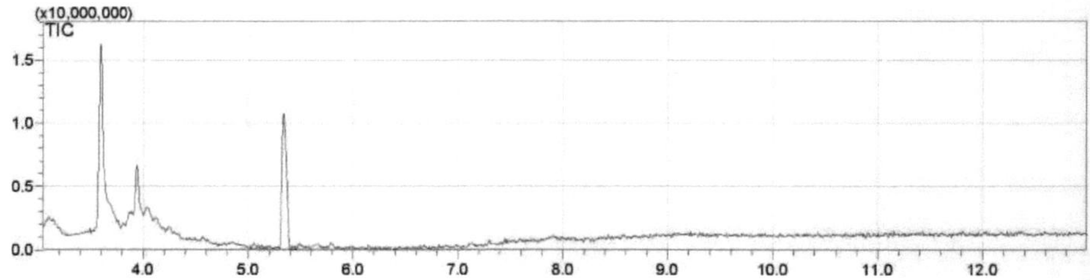

Pico 01

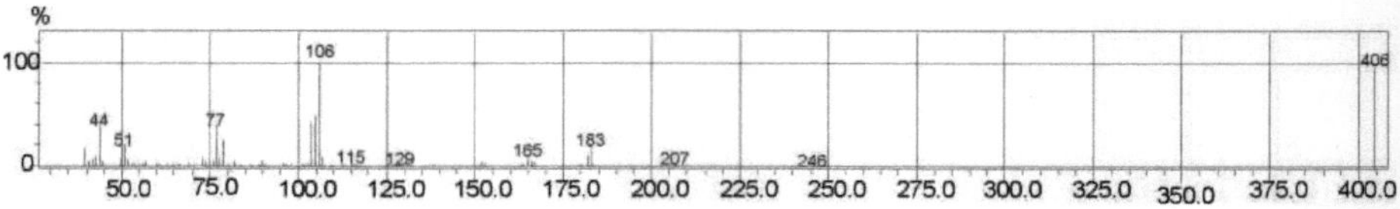

Endossulfão: - mol. Wt. 406

Pico 02

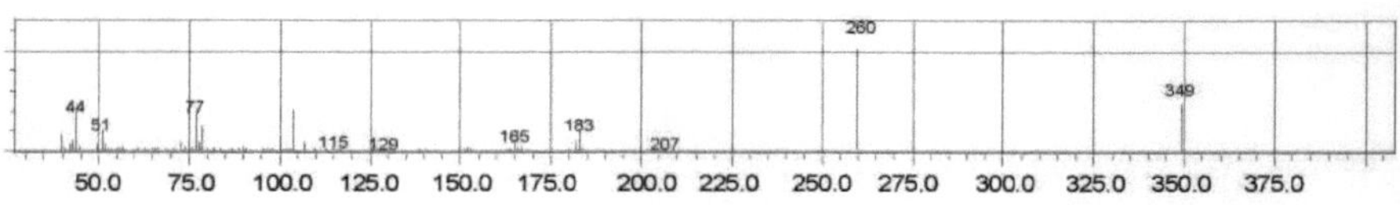

Cloropirifos: - mol. Wt. 349

Pico 03

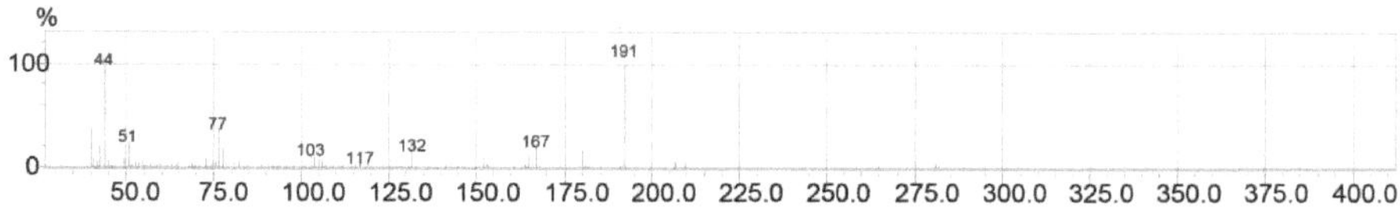

Carbendazim: - mol. Wt. 191

Ladyfinger amostra 03

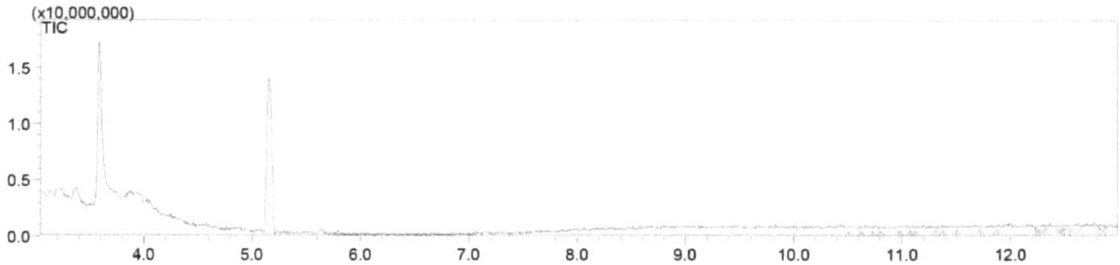

Pico 01

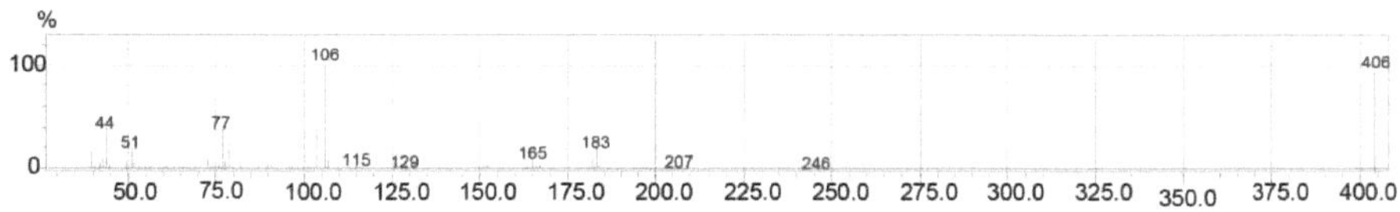

Endossulfão: - mol. Wt. 406

Pico 02

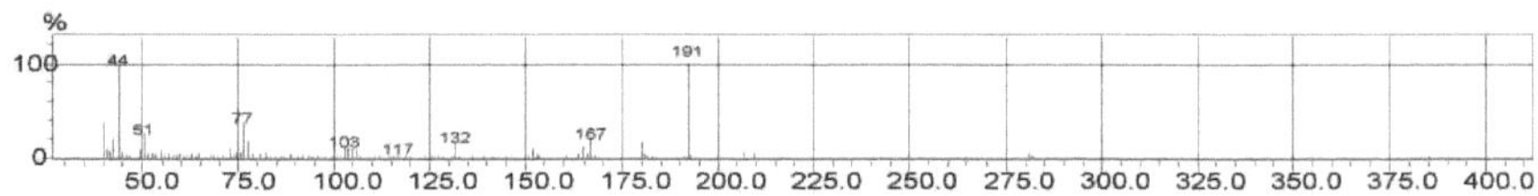

Carbendazim: - mol. Wt. 191

RESULTADOS

Para a determinação dos pesticidas nas amostras, foram utilizadas ambas as técnicas cromatográficas, ou seja, a cromatografia líquida de alta resolução (HPLC) e a cromatografia gasosa-espetrometria de massa (GC-MS) para todas as amostras.

Identificação e quantificação por HPLC: Método RP-HPLC para a identificação de resíduos de pesticidas e as separações cromatográficas do tempo de retenção (Rt), Endosulfan (Rt-2.250), Cloropirifos (Rt-3.208) e Carbendazim (Rt-5.050) .[1]

Os resíduos de pesticidas presentes nas amostras de malagueta e de amêndoa foram identificados e quantificados por referência a pesticidas-padrão. O cálculo da quantidade de pesticidas presentes foi efectuado por comparação das áreas dos picos das amostras desconhecidas com os picos correspondentes dos padrões, de acordo com o procedimento estabelecido.

Com base nos resultados da HPLC, o endossulfão é encontrado na malagueta de Satana (0,4 mg kg^{-1}), Wani (0,09 mg kg^{-1}). O cloropirifos é encontrado em Wani (0,08 mg kg^{-1}) e em Dindori (0,003 mg kg^{-1}). O carbendazime é encontrado na malagueta de Dindori (0,79 mg kg^{-1}). O endossulfão é encontrado em Ladyfinger de Dindori (0,6 mg kg^{-1}) e em Satana (0,95 mg kg^{-1}). O carbendazime é encontrado em Dindori (0,074 mg kg^{-1}), em Wani (0,6 mg kg^{-1}) e em Satana (0,036 mg kg^{-1}). O cloropirifos só foi encontrado numa amostra de joaninha em Dindori (0,16 mg kg^{-1}).

Frio	**A quantidade de pesticida determinada (mg kg)$^{-1}$**	**Ladyfinger**	**A quantidade de pesticida determinada (mg kg)$^{-1}$**
Amostra 1	Endosulfan-0,4	Amostra 1	Carbendazim-0,6
Amostra 2	Endosulfan-0,09 Cloropirifos-0,08	Amostra 2	Endosulfan-0,6 Carbendazim-0,074 Cloropirifos-0,16
Amostra 3	Cloropirifos - 0,003 Carbendazim-0,79	Amostra 3	Endosulfan-0,95 Carbendazim-0,036

CONCLUSÃO

Neste estudo, o método multirresíduos HPLC e GC-MS foi utilizado para determinar pesticidas em amostras de malagueta e de joaninha em menos tempo e com baixo limite de deteção. Os resultados do nosso controlo indicam que, entre as 3 amostras de cada malagueta e de cada dedo de moça que foram examinadas, nem uma única amostra continha cloropirifos ou endossulfão que não excedessem os limites máximos de resíduos (LMR) do Codex Alimentarius da FAO/OMS[9] (Comissão do Codex Alimentarius, 1996). Além disso, os resultados obtidos indicam claramente a situação real da utilização indevida de insecticidas, que pode afetar a longo prazo a saúde dos consumidores.

Para a determinação e análise por HPLC e GC-MS, o solvente utilizado é o acetonitrilo, que é o melhor solvente entre o acetato de etilo, o DMF, o tolueno e a acetona, uma vez que quase todos os compostos orgânicos são solúveis neste solvente e é uma boa fase móvel, pelo que é geralmente utilizado como fase móvel em HPLC e GC ou GC-MS.

RESUMO

Determinação de resíduos pesticidas de Endosulfan, Carbendazim e Cloropirifos em três amostras de malagueta e de dedo-de-moça em várias zonas de Nashik, Maharashtra, Índia.

Este projeto descreve um método analítico eficiente e eficaz para encontrar pesticidas em legumes e frutas utilizando HPLC e GC-MS. Para a preparação das amostras, foi utilizado um método rápido, fácil, barato, eficaz, robusto e seguro (QuEchERS) com tampão de fosfato, que já demonstrou anteriormente produzir resultados de alta qualidade para centenas de resíduos de pesticidas em alimentos.

A análise foi efectuada por HPLC-UV e as amostras foram confirmadas por GC-MS.

REFERÊNCIAS

1. Parantham, R., A. Sudha e S. Kumaravel, 2012. Determinação de resíduos de pesticidas em Banana por meio de HPLC e GC-MS. *Revista americana de bioquímica e biotecnologia 8(1):1-6.*

2. Cook, J., M.P. Beckett, B. Reliford, W. Hammock e M. Engel, 1999. Multiresidue analysis of pesticide in fresh fruits and vegetables using procedure developed by florida department agriculture and consumer services. *J. AOAC, 82: 1491-1435.*

3. Coulston, F., e F. Korte, 1975. Qualidade e segurança ambiental: Supplement. *1st edtn.,Thieme, New York, ISBN: 0122270622.*

4. Krause, R.T. e E.M. August, 1983. Aplicação do método multiresíduos md HPLC para a determinação de quinometionato em maçãs e laranja. *J. AOAC., 66: 1018-1022. PMID:6885686.*

5. Papadopoulou-Mourkidou, E., 1991. Produtos agroquímicos aplicados após a colheita e seus resíduos em frutos e produtos hortícolas frescos. *J. Asso. Chem.,74: 745-765. PMID: 1783584.*

6. Steven, J., A.D. Lahotay, K.M. Hiemstra e P.V. Bodegraven, 2005. Validação de um método rápido e fácil para a determinação de resíduos de 229 pesticidas em frutos e produtos hortícolas por cromatografia gasosa e líquida e deteção por espetrometria de massa. *J.AOAC Int.,88: 595-614.*

7. Tuinstra, L.G.M.T., A.H. Roos, A.M. Matser, W.A. Traag e J.A. Rhijn, 1991. Desenvolvimento de um método multiresíduos/multi-matriz para a análise de pesticidas em produtos agrícolas. *J. Chromotogr., 339: 384-386. DOI: 10.1007/BF00322353.*

8. Ueno, E.H. Oshima, I. Saito, H. Matsumoto e Y. Yoshimura *et al.,* 2004. Multiresidue analysis of pesticides in vegetables and fruits by GC-MS after GPC and graphitized carbon column cleanup (Análise multiresíduos de pesticidas em legumes e frutas por GC-MS após limpeza com GPC e coluna de carbono grafitado). *J. AOAC I Int., 87: 10031015.*

9. Dasika R., Tingirala S., e Naishadham P., 2012. Pesticide residue analysis of fruits and vegetables (Análise de resíduos de pesticidas em frutas e legumes). *J. Environmental chemistry and ecotoxicology Vol. 4(2): 19-28. DOI: 10.5897/JECE11.072.*

MIX
Papier aus verantwortungsvollen Quellen
Paper from responsible sources
FSC® C105338

Printed by Books on Demand GmbH, Norderstedt / Germany